Joachim Breckow
Warum ist der Himmel blau?

Weitere Titel aus der Reihe

Energie – wo kommt sie her
Und seit wann sie uns beschäftigt
Wolfgang Osterhage, 2024
ISBN 978-3-11-115172-4, e-ISBN 978-3-11-115255-4

Faszination Flug
Wirbel, Zirkulation, Auftrieb
Peter Neumeyer, 2024
ISBN 978-3-11-133600-8, e-ISBN 978-3-11-133628-2

Sterngucker
Wie Galileo Galilei, Johannes Kepler und Simon Marius die Weltbilder veränderten
Wolfgang Osterhage, 2023
ISBN 978-3-11-076267-9, e-ISBN 978-3-11-076277-8

Unterwegs im Cyber-Camper
Annas Reise in die digitale Welt
Magdalena Kayser-Meiller, Dieter Meiller, 2023
ISBN 978-3-11-073821-6, e-ISBN 978-3-11-073339-6

Einstein über Einstein
Autobiographische und wissenschaftliche Reflexionen
Jürgen Renn, Hanoch Gutfreund, 2023
ISBN 978-3-11-074468-2, e-ISBN 978-3-11-074481-1

Lila macht kleine Füße
Können wir unseren Augen trauen?
Werner Rudolf Cramer, 2022
ISBN 978-3-11-079390-1, e-ISBN 978-3-11-079391-8

DE GRUYTER
OLDENBOURG

**NEUGIER
WISSEN
WEISHEIT**

Joachim Breckow

Warum ist der Himmel blau?

——

DE GRUYTER
OLDENBOURG

Autor
Prof. Dr. Joachim Breckow
Winterplatz 3
35305 Grünberg
joachim.breckow@mni.thm.de

ISBN 978-3-11-145358-3
e-ISBN (PDF) 978-3-11-145369-9
e-ISBN (EPUB) 978-3-11-145402-3
ISSN 2749-9553

Library of Congress Control Number: 2024941606

Bibliografische Information der Deutschen Nationalbibliothek
Die Deutsche Nationalbibliothek verzeichnet diese Publikation in der Deutschen Nationalbibliografie;
detaillierte bibliografische Daten sind im Internet über
http://dnb.dnb.de abrufbar.

© 2024 Walter de Gruyter GmbH, Berlin/Boston
Coverabbildung: hadynyah / E+ / Getty Images
Satz: VTeX UAB, Lithuania

www.degruyter.com

Vorwort

Physik ist schwierig und langweilig? Und nur Formeln, die kein normaler Mensch versteht? Immerhin sind wir doch im ganz normalen Alltag immer und überall bis in die kleinsten Bereiche von Physik und Technik umgeben. Wollen wir uns diesen Dingen nicht vielleicht auf etwas gemütlichere Art nähern?

In einer Reihe von kleinen amüsanten Geschichten begegnen uns ganz alltägliche Phänomene und wir kommen oft zu verblüffenden Einsichten. Leicht und flüssig lesbar – auf der Bahnreise, im Urlaub, auf dem Sofa oder wenn es im Fernsehen zu langweilig zugeht. Wenn es etwas zum Nachdenken gibt, tun wir das ganz von alleine.

Jede Geschichte behandelt jeweils ein anderes Thema und kann in beliebiger Reihenfolge jede für sich „autonom" gelesen werden. Manchmal begegnen wir darin Studenten und Studentinnen, manchmal Kollegen, Freundinnen oder Leserinnen und Lesern der Gießener Allgemeinen Zeitung (GAZ), in der diese Geschichten ursprünglich in einer 14-tägigen Kolumne „Warum ist der Himmel blau" erschienen sind.

Für Leserinnen und Leser, die etwas genauer wissen wollen, wie die Zahlenbeispiele zustande gekommen sind, ist den meisten Geschichten eine kurze Rubrik **„Zum Nachrechnen"** nachgestellt. Das kann manchmal für Lehrer, Eltern, Studenten, Schüler oder einfach nur für Neugierige ganz nützlich sein.

Aber bitte nicht abschrecken lassen: Für das „Schmökern" und das Vergnügen an jeder Geschichte kommt man selbstverständlich auch ganz ohne die „Nachrechnen-Rubrik" aus.

https://doi.org/10.1515/9783111453699-201

Inhalt

Alltagsphysik ist immer und überall.

I Im Körper

Thema I.1 Macht Bier eigentlich dick?

Der Bierbauch: Manche tragen ihn stolz vor sich her, andere wollen ihn unbedingt loswerden. Aber alle wissen ganz genau: Bier macht dick!

Neulich erklärt mein Freund Hans-Edgar mit voller Wucht seiner Überzeugungskraft: „Ich trinke viel Bier, um viel abzunehmen!" – „Was?", sage ich, „Ich denke, Bier macht dick!" und streichle dabei meinen Bierbauch in der Gewissheit, dass dieser seinen Namen auch verdient hat.

„Hör zu", sagt Hans-Edgar, „ein schönes kühles Bier hat vielleicht eine Temperatur von 15 Grad. Wenn ich es trinke und im Bauch habe, muss es ja auf 37 Grad aufgeheizt werden. 22 Grad mehr! Das braucht Energie, die meinem Körper aus den Fettreserven entzogen wird. Ich nehme dabei also ab!". Seine Augen leuchten voller Zufriedenheit, die er aus dieser verblüffenden Erkenntnis zieht.

Keinem meiner Freunde möchte ich die Begeisterungsfähigkeit nehmen und als Spaßbremse gelte ich vermutlich ohnehin. Heimlich daher mein Blick auf das Handy und zwei Klicks zu Google. Alkohol hat einen Energieinhalt (Brennwert) von etwa 6 Kilowattstunden (kWh) pro Liter. Bier hat etwa 5 % Alkohol, also enthält ein Liter Bier (für Hans-Edgar keine nennenswerte Menge) etwa 0,3 kWh an Energie. Vielleicht erwarten Sie, liebe Leserin, lieber Leser, hier eher irgendwelche „Kalorien". Das ist zwar auch eine Einheit für Energie, aber die ist veraltet und unpraktisch. Man kann sie benutzen, aber wir geben ja auch Entfernungen nicht mehr in Meilen und Längen in Fuß an.

Wie dem auch sei, kehren wir zurück zu Hans-Edgar und seiner Idee vom Abnehmen. Ein zweiter Klick zu Google (unter „spezifische Wärmekapazität") nämlich erbringt, dass man zum Aufheizen von einem Liter Bier etwa 0,0012 kWh pro Grad braucht. Um es um 22 Grad wärmer zu machen, sind also weniger als 0,03 kWh nötig. Ich rechne ihm das vor: „Wenn dein Bier 0,3 kWh Energie enthält und du nur 10 % davon brauchst, um es auf Körpertemperatur zu erwärmen, dann bleiben dir immerhin noch 90 % zum Dickwerden!"

Knallhart wie ich bin, habe ich Ernüchterung in doppelter Hinsicht erzeugt. Hans-Edgar: „Dann trinke ich eben kaltes Wasser ohne Alkohol!". Gibt's denn überhaupt Wasser ohne Alkohol, denke ich und rechne nach: 1 kg Körperfett enthält etwa 10 kWh. Um diese Energie zum Aufwärmen von Wasser aus den eigenen Fettreserven bereitzustellen und damit 1 kg abzunehmen, muss man 330 Liter kaltes Wasser trinken (10 kWh durch 0,03 kWh pro Liter). Das wäre selbst für Hans-Edgar ziemlich sportlich.

Viel ist von Hans-Edgars ursprünglicher Abnehmidee nicht übrig geblieben. Verzweifelt greift er zum letzten Strohhalm: „Und wenn ich nun gar nichts mehr esse und trinke?" Ich weiß, ich bin grausam und hole zum letzten Schlag aus: „Ein Mensch braucht einfach dadurch, dass er lebt, etwa 2,5 kWh an Energie pro Tag. Biophysiker nennen das den Grundumsatz des Menschen. Das ist etwa so viel, wie eine 100-Watt-Lampe an En-

https://doi.org/10.1515/9783111453699-001

ergie pro Tag verbraucht. Also 4 Tage lang (4 mal 2,5 kWh) nichts essen und trinken, und schon bist du 1 kg Fett los – theoretisch!". Ich will aber konstruktiv sein: „Unser Gehirn macht zwar nur etwa 3 % unseres Körpergewichts aus, verbraucht aber immerhin 20 % der Körperenergie." Hans-Edgar antwortet darauf: „Super, dann nehme ich eben durch verstärktes Denken ab!". Sich dünn denken: Klasse! Keinen Augenblick zweifle ich daran, dass ihm das gelingt. Ich sage: „Wir Menschen denken ständig und immer, selbst du. Durch angestrengteres Denken benötigt unser Gehirn aber kaum mehr Energie. Es wäre sicher höchst wünschenswert, wenn Menschen mehr denken würden – aber abnehmen würden sie dadurch nicht."

Hans-Edgar sieht mich eine Weile zögerlich an. Doch dann sieht sein Gesicht schon wieder sehr viel zuversichtlicher aus: „Prost!", sagt er. „Ich brauche eigentlich nur eine Portion Lebensfreude". Und Lebensenergie – doch das ist sicherlich mehr als bloß Physik!

Zum Nachrechnen

Kohlehydrate, Zucker, Fett und Alkohol sind genauso wie Holz, Öl oder Benzin organische Energiespeicher. Das heißt, wenn sie verbrannt werden oder dem Körper als Nahrung dienen, setzen sie Energie frei. Der Energieinhalt dieser Stoffe wird häufig zu ihrem Volumen oder ihrer Masse in Bezug gesetzt, also pro Kubikmeter (m^3) oder pro kg angegeben.

Die Energie hat in der Physik und in der Technik die Maßeinheit Joule (J). Das gilt für *alle* Energieformen, ob Bewegungsenergie, gespeicherte („potenzielle") Energie, ob Wärme, Strom oder mechanische Energie, immer gibt Joule die Energie an. 1 J ist ziemlich wenig. Der menschliche Körper z. B. (ver-)braucht 1 J schon in weniger als 10 Millisekunden (ms).

Im Alltag können wir oft besser mit der Einheit Kilowattstunde (kWh) umgehen, nicht zuletzt deshalb, weil wir für die kWh bei unserem Energieversorger Geld bezahlen müssen. 1 kWh Strom kostet z. B. etwa 30 Cent. Das können wir uns gut merken. Genau wie J kann auch kWh zum direkten Vergleich zwischen verschiedenen Energieformen herangezogen werden. Das ist ziemlich praktisch, z. B. wenn wir den Tankinhalt von Verbrenner- und E-Auto vergleichen wollen (s. Thema IV.4) oder die Kosten verschiedener Energieformen (s. Thema V.6).

Natürlich kann man die Energieeinheiten J (bzw. Megajoule, MJ) und kWh auch ineinander umrechnen:

$$J = W \cdot s = 0{,}001 \, kW \cdot \frac{h}{3600} = 2{,}8 \cdot 10^{-7} \, kWh \quad bzw.: \quad 1 \, kWh = 3{,}6 \cdot 10^6 \, J = 3{,}6 \, MJ$$

Der Grundumsatz des menschlichen Körpers, also die Energie, die er ohne körperliche Aktivitäten zum Leben braucht, beträgt etwa 2,5 kWh pro Tag. Das entspricht einer Leistung von etwa 100 W. Ein Mensch braucht zum Leben also etwa so viel Energie wie eine ständig leuchtende 100 W-Lampe.

Der Energieinhalt von Alkohol beträgt etwa 27 MJ/kg bzw. 6 kWh/L (unter Berücksichtigung der Dichte von Alkohol von 0,8 kg/L). Das ist der Wert, mit dem Hans-Edgar in der Geschichte argumentiert. Der Energieinhalt von Körperfett beträgt etwa 35 MJ/kg bzw. 10 kWh/kg.

Wenn man im Internet nach „spezifischer Wärmekapazität" sucht, dann findet man meist Angaben in Kilojoule (kJ) pro kg pro °C. Für Wasser (oder Bier) ist das 4,2 kJ/(kg·°C). Das Umrechnen in kWh ergibt grob: 0,0012 kWh/(kg·°C) bzw. 0,0012 kWh/(L·°C).

Thema I.2 Was ist eigentlich gut am Schwitzen?

Von der Stirne heiß, rinnen muß der Schweiß
Friedrich Schiller: Die Glocke, 1799

Die Spezies Mensch ist eine der wenigen im Reich der Lebewesen, die schwitzen kann. Doch wozu soll das gut sein und wer schwitzt schon gern? Warmblüter, zu denen der Mensch zählt, haben meist eine höhere Körpertemperatur als ihre Umgebung, sie geben also ständig Wärme ab. Eigentlich ist das reine Energieverschwendung. Aber es ermöglicht eine konstante Körpertemperatur und damit die Aufrechterhaltung wichtiger Körperfunktionen unabhängig von der Umgebungstemperatur.

Wenn wir nichts tun, außer im Sessel zu sitzen und ein Buch zu lesen, gibt unser Körper etwa so viel Wärme ab wie z. B. eine 100-W-Lampe, ein Laptop oder eine Herdplatte auf Stufe 1. Das geschieht einfach durch Wärmeabstrahlung über die Haut (und die Kleidung) an die Umgebungsluft.

Während Sie da gemütlich in diesem Büchlein lesen, mache ich mein Lauftraining und produziere glatt 10-mal so viel Wärme, die ich allerdings allein durch Wärmeabstrahlung nicht loswerde, sondern ich schwitze. Das tue ich im Übrigen auch im Ruhezustand, wenn die Umgebungstemperatur größer ist als meine Körpertemperatur.

Wenn eine Flüssigkeit (also auch Schweiß) verdunstet, wird sie gasförmig. Für diesen Vorgang wird Energie in Form von Wärme benötigt (siehe auch Thema II.21, Thema II.22 und Thema III.5). Die Wärme wird der Haut entnommen und damit aus dem Körper abgeführt, der sie dann auf diese Weise loswird. Diese „Verdunstungskälte" ist ein ziemlich effizientes System der Wärmeabgabe: Wenn ich mit meinem Freund Sven-Jürgen nur 5 km laufe (wir brauchen dafür etwa 25 Minuten), dann produzieren wir etwa 0,4 kWh an Wärme. Das würde unsere Körpertemperatur immerhin um ungesunde 5 Grad erhöhen. Um die überschüssige Wärme abzuführen, wird mehr als ein halber Liter Wasser (Schweiß) zum Verdunsten benötigt. Weil aber auch so mancher Tropfen Schweiß unverdunstet abtropft, produzieren wir während unseres Laufs fast einen ganzen Liter Schweiß.

Verdunsten funktioniert nur dann, wenn die Umgebungsluft das verdunstete, also gasförmige Wasser aufnehmen kann. Je mehr gasförmiges Wasser die Luft bereits enthält, desto größer ist die Luftfeuchtigkeit und desto geringer die Verdunstungsmöglichkeit. In solch einer schwülen Luft produzieren wir zwar viel Schweiß, der allerdings schlecht verdunstet und daher schlecht kühlt.

Da Wasser beim Verdunsten Energie aufnimmt, hat gasförmiges Wasser bei gleicher Menge und gleicher Temperatur mehr Energie als flüssiges Wasser. Es kann also Energie speichern. Es kann diese Energie auch wieder abgeben, z. B. wenn es auf eine kühle Oberfläche trifft und dann wieder zu flüssigem Wasser wird. Diesen Vorgang, also das Gegenteil von Verdunsten, nennt man „Kondensieren". Es bilden sich dabei kleine Wassertröpfchen z. B. auf der Brille oder am Fenster (vgl. Thema II.14) oder sogar ganze Tropfen am Bierzeltdach. Das ist dann das „Kondenswasser".

In der Sauna soll man schwitzen, ohne dass der Schweiß verdunstet. Das nötigt den Körper dazu, noch mehr Schweiß zu produzieren und auch auf noch andere Weise zu versuchen, die Wärme loszuwerden, z. B. durch höhere Durchblutung und Weitung der Blutgefäße. Das soll ja gesund sein.

Haben Sie schon einen ganz heißen Kopf vom Lesen übers Schwitzen? Na, dann: „Bis die Glocke sich verkühlet, laßt die strenge Arbeit ruhn" (*Schiller, Die Glocke*).

Zum Nachrechnen
Der Grundumsatz des menschlichen Körpers, also die Energie, die er im Ruhezustand zum Leben braucht, beträgt etwa 2,5 kWh pro Tag (vgl. Thema I.1). Das entspricht einer Leistung von etwa 100 W:

$$\frac{2,5 \text{ kWh}}{24 \text{ h}} \approx 0,1 \text{ kW} = 100 \text{ W}$$

Wenn Sven-Jürgen und ich beim Laufen etwa 10-mal so viel Wärme produzieren wie in Ruhe, so sind das 1000 W = 1 kW. In 25 Minuten (= 1.500 s) ergibt das eine Wärmeenergie von 1,5 MWs = 1,5 MJ. Die Energieeinheit Megajoule (MJ) kann man in die Energieeinheit kWh umrechnen (s. Thema I.1):

$$1 \text{ MJ} = 0,28 \text{ kWh} \quad \text{bzw.:} \quad 1 \text{ kWh} = 3,6 \cdot 10^6 \text{ J} = 3,6 \text{ MJ}$$

Sven-Jürgen und ich haben also beim Laufen 1,5 MJ = 0,4 kWh Wärmeenergie erzeugt.

Man könnte auch so rechnen: 2,5 kWh pro Tag ergibt etwa 0,04 kWh pro 25 Minuten in Ruhe und 10-mal mehr, also 0,4 kWh beim Laufen.

Unser Körper hat eine „spezifische Wärmekapazität" etwa wie Wasser von 0,0012 kWh/(kg·°C). Ein 65 kg schwerer Mensch würde sich mit einer Wärmeenergie von 0,4 kWh also um 5 °C aufheizen:

$$\frac{0,4 \text{ kWh} \cdot \text{kg} \cdot °C}{0,0012 \text{ kWh} \cdot 65 \text{ kg}} \approx 5 °C$$

Wenn Wasser (Schweiß) verdunsten soll, wird hierzu eine Energie von 2,4 MJ/L bzw. 0,7 kWh/L benötigt. Mit 0,4 kWh kann also 0,6 Liter Wasser bzw. Schweiß verdunsten:

$$\frac{0,4 \text{ kWh} \cdot \text{L}}{0,7 \text{ kWh}} = 0,6 \text{ L}$$

Thema I.3 Doppelt so laut, halb so hell und das Gefühl von Zeit und Geld

Unsere Sinnessysteme zählen anders als wir. Bei kleinen Werten, z. B. leise oder dunkel, „zählen" oder messen sie viel genauer als bei hohen Werten, also laut oder hell. Dafür gibt es sogar eine eigene Maßeinheit.

Wenn wir zählen, geht das doch so: 1, 2, 3, 4, 5 usw., oder? Die meisten unserer Sinnessysteme zählen aber anders: Sie zählen 1, 2, 4, 8, 16 usw. oder 1, 10, 100, 1.000, 10.000 usw. Eine „Sinneseinheit" gibt also immer ein bestimmtes Verhältnis an, also z. B. immer das Doppelte oder immer das 10-Fache. Nehmen Sie beispielsweise an, dass Sie ein sehr, sehr leises Geräusch hören und bezeichnen dessen Lautstärke als 0. Ein Geräusch, ein Ton oder ein Schall, also ein Signal, das wir „hören" können, sind sehr kleine und sehr schnelle Änderungen des Luftdrucks. Ein sehr, sehr leiser Ton, ein Schall also, den wir gerade noch hören, bedeutet eine Schwankung des Luftdrucks um weit weniger als ein Milliardstel relativ zum normalen Luftdruck.

Wenn wir nun das Gefühl haben, die Lautstärke habe sich von 0 auf 1 erhöht, so hat sich die Schallintensität jedoch tatsächlich verzehnfacht. Eine 100-fache Schallintensität nehmen wir mit der Lautstärke 2 wahr, eine 1.000-fache mit 3 usw. Bei leiseren Tönen können wir Unterschiede sehr viel besser wahrnehmen als bei lauten. Der Eindruck, wie viel lauter oder leiser ein Ton empfunden wird (relativ zu einem Vergleichston), hängt also von dessen (absoluter) Lautstärke ab. Wir können damit Lautstärkeunterschiede wahrnehmen, die viele Größenordnungen überstreichen: Der Unterschied in der Schallintensität zwischen dem leisesten Ton, den wir gerade noch hören können, und dem lautesten Ton, der für uns schon schmerzhaft ist, macht immerhin einen Faktor von 1.000.000.000.000 aus! Die Lautstärke würden wir dann also mit der Anzahl der Nullen von 0 (ganz leise) bis 12 (ganz laut) durchzählen.

Es gibt dafür tatsächlich eine technische Maßeinheit, das sogenannte Dezibel (dB). 10 dB bedeutet eine Verzehnfachung der Schallintensität, 20 dB das 100-fache, 30 dB das 1.000-fache usw. bis 120 dB, wo es in den Ohren weh tut.

Sie sitzen in einem klassischen Konzert und lauschen dem Klang einer einzigen Geige. Dann setzt eine gleich laute zweite Geige ein und die Lautstärke wächst um 3 dB. 10 Geigen bedeuten 10 dB mehr Lautstärke, 100 Geigen 20 dB und 1.000 Geigen 30 dB. In einem großen Sinfonieorchester spielen vielleicht 30 Geigen. Wenn alle die gleiche Lautstärke haben, sind das 15 dB mehr als bei einer Geige. Bei sehr, sehr leisen Passagen (pianissimo), wenn eine einzelne Geige mit nur 15 dB spielt, würde dies für das gesamte Orchester zusammen 30 dB (15 dB plus 15 dB) ergeben, was das Publikum als eine Verdopplung der Lautstärke gegenüber einer einzigen Geige empfinden würde. 30 Geiger machen also nicht etwa 30-mal lautere Musik. Bei sehr lauten Passagen (fortissimo), sagen wir mit 85 dB für eine einzelne Geige, würde der Höreindruck für das Gesamtorchester mit 100 dB (85 dB plus 15 dB) sogar nur 1,2-fach (100/85) lauter sein als bei einer einzelnen Geige. Bei einem Rockkonzert mit anständigen Verstärkern reicht dafür natürlich *eine* Geige (oder besser noch: *eine* E-Gitarre) – und die kann auch schon mal über 120 dB erreichen, soviel wie 2.500 Geigen!

Eine Sinneswahrnehmung mit Vervielfachungsskala gibt es nicht nur beim Hören, sondern auch beim Druck auf die Haut, beim Schmecken oder beim Sehen. Auch hier hängt die Wahrnehmung der Änderung der Intensität, z. B. der Helligkeit, jeweils von dem absoluten Wert der Intensität ab. Im Dunkeln können wir kleine Unterschiede in der Lichtintensität wesentlich besser erkennen als im Hellen. Ein „Bisschen" von „Wenig" ist eben mehr als das gleiche „Bisschen" von „Viel". Als allgemeines Prinzip der Sinneswahrnehmung bei Lebewesen wird dies manchmal als „Weber-Fechner'sche Regel" bezeichnet.

Vielleicht ist die Weber-Fechner'sche Regel für unsere Wahrnehmung und unser Gefühl aber noch viel allgemeingültiger. Zwei Wochen werden von einem Kind oder Jugendlichen als viel längere Zeit empfunden als von einem Erwachsenen und noch viel länger als von einem alten Menschen, für den Zeit scheinbar immer schneller vergeht. Die wahrgenommene Zeitspanne bleibt also nicht über das gesamte Leben gleich, sondern hängt vom Alter ab.

Oder noch ein Beispiel für die Relativität von Empfindungen: Wer freut sich wohl mehr über geschenkte 100 €: eine alleinstehende Altenpflegerin mit einem Kind oder ein alter Millionär mit einer alleinstehenden Villa an der Côte d'Azur?

Zum Nachrechnen

Es gibt einige technische Maßeinheiten, die sich an den Sinneseindrücken orientieren und als „Pegel" L bezeichnet werden. In der Akustik kennt man beispielsweise den „Schalldruckpegel" SPL (sound pressure level). Ein Pegel L ist jeweils eine Verhältnisangabe oder man könnte auch sagen eine relative Angabe. Relative Angaben haben in der Regel keine Einheit oder werden in % angegeben. Häufig ist die zu vergleichende Größe eine Intensität. Diese Intensität I wird ins Verhältnis gesetzt zu einer festgesetzten Bezugsgröße I_0. In der Akustik wird die Schallintensität I in Bezug gesetzt zu der gerade noch wahrnehmbaren Schallintensität I_0 (festgesetzt bei einem Ton mit der Frequenz 1 kHz). Von diesem Verhältnis wird der Logarithmus gebildet und mit 10 multipliziert:

$$L = 10 \cdot \log \frac{I}{I_0}$$

Dieser an sich einheitenlosen Größe ordnet man die Einheit Dezibel (dB) zu. Wenn es sich um ein akustisches Signal handelt, ist die Einheit dB SPL.

Wenn ein Ton die Intensität I_0 hat, so misst man 0 dB SPL. Bei 10-fach größerer Intensität ergibt sich 10 dB SPL, bei 100-facher Intensität herrschen 20 dB SPL usw.

Wenn zwei Geigen einen Ton mit gleicher Intensität I spielen, so erhöht sich der Schalldruckpegel um 3 dB SPL, bei 10 Geigen um 10 dB SPL und bei einem Orchester mit 30 Geigen um 15 dB SPL:

$$L = 10 \cdot \log \frac{2 \cdot I}{I} = 10 \cdot \log 2 = 3 \text{ dB SPL}$$

$$L = 10 \cdot \log 10 = 10 \text{ dB SPL} \quad \text{bzw.}$$

$$L = 10 \cdot \log 30 = 15 \text{ dB SPL} \quad \text{und} \quad L = 10 \cdot \log 2.500 = 35 \text{ dB SPL}$$

Wenn eine Geige eine Lautstärke von 85 dB hat (fortissimo), dann erzeugen 2.500 Geigen eine Lautstärke von 120 dB (85 dB + 35 dB).

Thema I.4 Was ist eigentlich Blutdruck?

Ein gesunder Mensch hat einen Blutdruck von etwa 120 zu 80. Aber was bedeuten diese Werte und wie kommt der Blutdruck zustande?

Wenn ich mich tierisch aufrege, steigt mein Blutdruck – sagt zumindest meine Frau und die misst Blutdruck schließlich professionell. Sie sagt, es gibt immer zwei Blutdruckwerte, die wichtig sind: der obere (systolische) und der untere (diastolische) Blutdruck. Die Maßeinheit ist „Millimeter Quecksilbersäule" (mmHg).

Der Blutdruck wird vom Herz erzeugt. Ohne Herz kein Blutdruck. Das Herz ist eine Pumpe, die das Blut durch den Blutkreislauf zirkulieren lässt. Es wälzt etwa 5 Liter Blut pro Minute um. Dazu baut es einen Druck auf, so wie auch das Wasser durch unsere

Hausleitungen fließt, weil es einen Wasserdruck gibt. Doch im Gegensatz zu den Wasserleitungen ist der Druck, den das Herz auf das Blut ausübt, nicht konstant, sondern hängt vom Herzschlag ab.

Das Herz ist ein Muskel. Zunächst ist der Herzmuskel entspannt, die Herzklappen (technisch gesehen: Ventile) sind offen und das Blut strömt aus dem venösen Blutkreislauf in das Herz hinein. Diese Phase des Herzschlags nennt man Diastole. Dann schließen sich die „Ventile" (Herzklappen) und der Herzmuskel spannt sich an – es entsteht Druck. Im Moment maximaler Anspannung öffnen sich die Herzklappen und das Blut (etwa 80 Milliliter pro Herzschlag) strömt mit ordentlichem Druck und einer beträchtlichen Geschwindigkeit von etwa 20 cm/s in das arterielle Kreislaufsystem hinein. Diese Phase des Herzschlags ist die Systole. Diastole und Systole zusammen bilden einen „Herzschlag" und dauern etwa 1 Sekunde.

Wenn man den Blutdruck direkt hinter der Herzklappe nach Austritt des Bluts in das arterielle System bei der Systole misst, ist er am größten. Hier herrscht ein systolischer Blutdruck von 130 mmHg. Entlang der Arterien, entlang der Blutstrecke durch die Organe und entlang des Rückflusses zum Herzen durch das venöse System nimmt der Blutdruck stetig ab. Beim Wiedereintritt in das Herz ist der Blutdruck auf etwa 20 mmHg abgefallen. Wenn meine Frau den Blutdruck ihrer Patienten misst, tut sie das aber weder an der Stelle des Herzens, wo das Blut in die Arterien hinausströmt, noch dort, wo es wieder aus den Venen in das Herz hineinströmt. Stattdessen misst sie den Blutdruck am Oberarm, etwa auf der Höhe des Herzens. Mit der Manschette des Blutdruckmessgeräts wird dort im Wesentlichen der arterielle Blutdruck gemessen. Da das Blut auf dem Wege vom Herzen (130 mmHg) zum Oberarm bereits eine gewisse Wegstrecke zurückgelegt hat, ist auch der Blutdruck hier schon etwas geringer. In der Systole misst man bei einem gesunden Menschen am Oberarm etwa 120 mmHg. Lässt der durch das Herz erzeugte Blutdruck in der Phase der Diastole nach, misst man am Oberarm noch einen Druck von etwa 80 mmHg. Das sind die beiden Werte, anhand derer die Ärztin den Zustand des Herz-Kreislauf-Systems beurteilen kann. Es geht also nicht nur die „Pumpleistung" des Herzens dabei ein, sondern auch die Eigenschaften der Blutgefäße.

Mein Blutdruck steigt eigentlich nur dann, wenn ich mich über die Einheit mmHg aufrege. Denn „Druck" wird eigentlich sonst immer in „Pascal" (Pa) angegeben (vgl. Thema II.18).

Zum Nachrechnen

Druck ist nichts anderes als die Kraft, die auf eine Fläche wirkt (vgl. Thema II.18). Kraft hat die Einheit kg mal Meter (m) durch Sekunde zum Quadrat (s²), was zusammen als Newton (N) abgekürzt wird:

$$N = \frac{kg \cdot m}{s^2}$$

Die Einheit für den Druck wird in Pascal (Pa) angegeben:

$$\frac{N}{m^2} = \frac{kg \cdot m}{s^2} \cdot \frac{1}{m^2} = \frac{kg}{m \cdot s^2} = Pa$$

Ein guter Vergleichsmaßstab, um verschiedene Drucke miteinander vergleichen zu können, ist der Luftdruck, der bei 101.300 Pa = 101,3 kPa liegt.

Man kann ausrechnen, welchen Druck P eine Flüssigkeit in einem Gefäß, z. B. einem Zylinder oder einem vertikalen Rohr, auf den Gefäßboden ausübt:

$$P = \rho \cdot g \cdot h \quad \text{bzw.} \quad h = \frac{P}{\rho \cdot g}$$

Dabei ist ρ die Dichte der Flüssigkeit (angegeben z. B. in kg pro m³) und $g = 9{,}81 \, m/s^2$ die Erdbeschleunigung. Die Füllhöhe h der Flüssigkeit wird auch als „Flüssigkeitssäule" bezeichnet. Wenn in einem Barometer die Flüssigkeitssäule des Quecksilbers ($\rho = 13{,}6 \, g/cm^3$) genau den gleichen Druck ausübt wie die Luft, dann hat die Quecksilbersäule eine Höhe von 760 mm:

$$h = \frac{101{,}3 \, \text{kPa}}{13600 \, kg/m^3 \cdot 9{,}81 \, m/s^2} = 0{,}76 \, \frac{kg \cdot m^3 \cdot s^2}{m \cdot s^2 \cdot kg \cdot m} = 0{,}76 \, m = 760 \, mm$$

$$\text{Luftdruck } P_L = 101{,}3 \, \text{kPa} = 760 \, \text{mmHg}$$

In der Medizin wird Druck selten mit der Maßeinheit Pa angegeben. Beim Blutdruck ist die gängige Einheit für Druck die oben berechnete „Millimeter Quecksilbersäule" (mmHg). Ein Blutdruck von 120 zu 80 entspricht in „anständigen" Einheiten etwa 16 kPa zu 11 kPa.

Thema I.5 Warum ist das Blut rot?

Das Blut versorgt unsere Körperzellen mit unglaublich vielen Stoffen und Informationen unterschiedlichster Art. Die Versorgung mit Sauerstoff spielt dabei die Hauptrolle.

Jede unserer Körperzellen benötigt zum Überleben Sauerstoff. Das Transportsystem hierfür bildet der Blutkreislauf, dessen feinste Verästelungen jede Zelle bis in den letzten Winkel unseres Körpers erreichen muss. Die Gesamtlänge aller Blutgefäße im Körper beträgt immerhin einige 10.000 km.

Eigentlich könnte auch einfach Wasser durch unsere Adern laufen und den Sauerstoff transportieren, denn dieser löst sich auch in Wasser. Doch so wäre der Anteil des Sauerstoffs, der von den Lungen in das Blut übergeht, viel zu gering und der Transport im Blut wäre viel zu uneffektiv, um eine ausreichende Versorgung der Zellen zu gewährleisten. Damit das besser funktioniert, gibt es im Blut die roten Blutkörperchen, die den roten Blutfarbstoff, das Hämoglobin enthalten. Hämoglobin (Hb) hat die praktische Eigenschaft, Sauerstoff aus der Lunge leicht binden und an Körperzellen auch leicht wieder abgeben zu können. Zudem kann Hb auch einen Teil des in den Zellen entstandenen Kohlenstoffdioxids (CO_2) aufnehmen und abtransportieren.

Wir haben etwa 5 Liter Blut in unserem Körper. Etwa die Hälfte davon ist die „Blutflüssigkeit", das Blutplasma. Die andere Hälfte bilden feste Blutbestandteile, vor allem die Blutzellen, unter denen die roten Blutkörperchen mit ihrem Hämoglobin die häufigsten sind. Die Hb-Konzentration im Blut wird manchmal „Hb-Wert" genannt. Hiermit kann beurteilt werden, wieviel Sauerstoff im Blut transportiert werden kann. Der Hb-Wert beträgt etwa 15 Gramm pro 100 Milliliter (Frauen etwas weniger, Männer etwas mehr).

Der Anteil des Sauerstoffs in der eingeatmeten Luft beträgt etwa 21 %. Beim Ausatmen sind es noch etwa 16 %. In der Lunge wird also Sauerstoff auf das Hämoglobin im Blut übertragen. Auf dem Weg durch den Körper wird ein Teil des Sauerstoffs an die Körperzellen wieder abgegeben. In Ruhe sind das etwa 25 % der anfänglich transportierten Menge, d. h. das Blut, das zur Lunge zum „Wiederaufladen" zurückkehrt, trägt immerhin noch 75 % des anfänglich gebundenen Sauerstoffs. Bei körperlicher Aktivität kann der Anteil des an die Körperzellen abgegebenen Sauerstoffs zwar ansteigen, ein gänzlich „leeres" Hämoglobin gibt es jedoch nicht.

Das meiste an Blut, vor allem das Blutplasma, ist gar nicht rot. Es ist das Hämoglobin mit seiner dunkel blauroten Färbung, das dem Blut seine charakteristische Farbe verleiht. Wenn sich Sauerstoff daran bindet, ändert sich die Farbe und es wird heller und roter. Man kann also anhand der Blutfarbe den Sauerstoffgehalt ermitteln, was in der Medizintechnik auch tatsächlich messtechnisch ausgenutzt wird. Sauerstoffreiches Blut in den Arterien erscheint eher etwas roter, während sauerstoffarmes Blut in den Venen einen leicht ins Blauviolette verschobenen Farbton ergibt. Sie kennen vielleicht aus dem Krankenhaus diese kleine Klammer, die auf eine Fingerspitze geklemmt wird: Mit einem solchen Gerät, einem „Pulsoximeter", wird der Sauerstoffstoffgehalt des Bluts gemessen.

Insekten z. B. haben auch Blut. Sie brauchen es aber nicht zur Sauerstoffversorgung. Dies funktioniert bei ihnen anders. Deswegen brauchen Insekten auch kein Hämoglobin und ihr Blut ist meistens farblos. Es gibt andere Tierarten, die zwar auch kein Hämoglobin haben, dafür aber andere Blutfarbstoffe. Deren Blut kann auch mal blau, grün oder violett aussehen.

Adlige wurden früher manchmal „Blaublüter" genannt. Ob damit ein spezieller aristokratischer Blutfarbstoff oder eine mangelhafte Sauerstoffversorgung gemeint war, lassen wir mal dahingestellt.

Thema I.6 Besser schlafen mit Weißem Rauschen?

Babys schlafen besser ein, wenn sie Weißes Rauschen hören, heißt es. Aber was ist Weißes Rauschen überhaupt?

Wir können das Rauschen der Waschmaschine im Keller hören, das Rauschen des Verkehrs der fernen Autobahn oder das Rauschen der Blätter im Herbstwind. Aber *Weißes Rauschen*? „Weiß" kann man doch nicht hören, oder?

Hören (Akustik) und Sehen (Optik) sind zwei völlig verschiedene Systeme. Eine Eigenschaft ist ihnen jedoch gemeinsam: die Signale breiten sich in Form von Wellen aus. Akustische Signale bedeuten winzige periodische Schwingungen des (Luft-)Drucks, während optische Signale periodische Schwingungen eines elektromagnetischen Feldes (EMF) darstellen. In beiden Fällen wird die Anzahl von Schwingungen pro Sekunde als „Frequenz" in Hertz (Hz) angegeben. Akustische Signale können wir im Bereich von 20 Hz bis knapp unter 20.000 Hz hören. 20 Hz bedeutet also eine Frequenz von 20 Luftdruckschwingungen pro Sekunde, was wir als tiefes Brummen oder als tiefen Ton wahrnehmen. 20.000 Hz ist ein sehr hoher Ton, den eigentlich nur junge Menschen gerade noch hören. Bei den meisten Erwachsenen hört es bei den hohen Tönen schon bei etwa 15.000 Hz auf.

Optische Signale, also Licht, sehen wir im Bereich von etwa 400 bis etwa 800 Billionen EMF-Schwingungen pro Sekunde (400 bis 800 Terahertz, THz). 400 THz sehen wir als rotes Licht, 800 THz als blaues. Dazwischen sehen wir grünes und gelbes Licht und alle anderen Farben des Regenbogens (s. Thema III.1). Die Frequenz des Lichts bestimmt also seine Farbe. Weißes Licht hat keine feste Frequenz, ist also eigentlich gar keine Farbe. „Weiß" bedeutet, dass alle Farben mit gleicher Intensität in einem Farb*gemisch* auftreten. Weiß ist also die gleichmäßige Summe aller Farben.

So etwas gibt es auch in der Akustik: Wenn wir ein „Rauschen" hören, dann handelt es sich dabei ebenfalls nicht um eine einzige feste Frequenz, sondern um ein Gemisch aus verschiedenen Schallfrequenzen. Ein Geräusch, das alle hörbaren Frequenzen mit *gleicher* Intensität enthält, wird in Analogie zur Optik ebenfalls als „weiß" bezeichnet. Die gleichmäßige Summe aller Töne ist dann also „Weißes Rauschen". In der Technik wird ein solches Signal häufig zum Testen von Übertragungseigenschaften von Verstärkern und Lautsprechern verwendet.

Früher, noch zu analogen Zeiten, wirkte das optische und das akustische Weiße Rauschen im Fernsehen nach Sendeschluss oft noch einschläfernder als das Programm vorher und die Fernsehnation konnte selig schlummern. Heutzutage heißt es, dass Babys besser einschlafen können, wenn ihnen Weißes Rauschen aus YouTube vorgespielt wird. Mag sein, dass das für technisch prädisponierte Babys irgendwie zutrifft. Es könnte aber durchaus auch die traditionelle Wiege funktionieren. Dabei handelt es sich zwar weder um Optik noch um Akustik. Aber auch eine Wiege hat eine (mechanische) Frequenz, wenn auch nur eine einzige: mit etwa 1 Schwingung in 2 Sekunden, also mit 0,5 Hz, wird das Baby sanft und ruhig in den Schlaf geschaukelt. Wenn dann der Papa noch leise „La-Le-Lu ... nur der gute Mond schaut zu" summt, schlummert das Kind erst recht – solange, bis Papas Schnarchen mit seinem eher unzureichend weißen Frequenzgemisch berechtigten Anlass für erneutes Protestgeschrei gibt.

Thema I.7 Bitte mal kräftig zubeißen

Wie funktioniert bei uns eigentlich das Beißen? Geht das bei einem Krokodil anders? Und wie beißt der Weiße Hai?

Jetzt kümmern wir uns mal um das Beißen. Wir brauchen dazu natürlich Zähne, einen Ober- und einen Unterkiefer und dazwischen ein Scharnier, das Kiefergelenk (vgl. Bild I.1). Das befindet sich direkt neben Ihren Ohrläppchen, falls Sie es mal ertasten möchten. Und wir brauchen Kraft, viel Kraft! Die kommt hauptsächlich vom Beißmuskel, der vom hinteren Unterkiefer aus in Richtung zu den Backenknochen des Oberkiefers wirkt. Der Beißmuskel (manchmal auch Kaumuskel genannt) ist der stärkste Muskel im ganzen Körper. Er kann mit einer Kraft von immerhin 800 Newton (N) ziehen. So viel Kraft müssen Sie aufwenden, wenn Sie z. B. vier 20-Liter-Kanister voll mit Wasser anheben wollen.

Beim Beißen wirkt der Unterkiefer wie ein „Hebel", der sich um das Kiefergelenk dreht. Je länger der Hebel, also je größer der Abstand zum Kiefergelenk, desto weniger „wirksame" Kraft kann übertragen werden (vgl. Thema IV.3: Schraubenschlüssel beim Reifenwechsel: langer Hebel, wenig Kraft). Auf das Gebiss angewendet heißt das, dass vom Beißmuskel über die Backenzähne (kurzer Hebel) mehr Kraft wirken kann als über die Schneidezähne (langer Hebel). Backenzähne machen sich also eine große Kraftübertragung beim Zermalmen von harter Nahrung zunutze. Unsere Vorfahren (und manchmal auch noch Zeitgenossen) haben auf diese Weise z. B. Nüsse geknackt oder Knochen zerbrochen.

Es kommt aber nicht nur auf die Kraft an, sondern auch darauf, auf welche Fläche sie wirkt. 1 N mit dem Finger auf Ihre Haut ausgeübt, ist sicher angenehmer als 1 N mit einer spitzen Nadel auf die Haut. Die Beißkraft pro Fläche wird auch als Beißdruck bezeichnet (Einheit: N/cm^2). Beim Beißen kommt von der Beißkraft wegen des längeren Hebels an den Schneidezähnen zwar weniger „wirksame" Kraft an, dafür haben aber die Schneidezähne eine viel kleinere Fläche als die Backenzähne, sodass der Beißdruck an den Schneidezähnen sehr hoch sein kann. Wenn wir also etwas zermalmen wollen, dann nehmen wir die Backenzähne (viel Beiß*kraft*), wenn wir etwas zerschneiden wollen, dann nehmen wir die Schneidezähne (viel Beiß*druck*, vgl. Bild I.1).

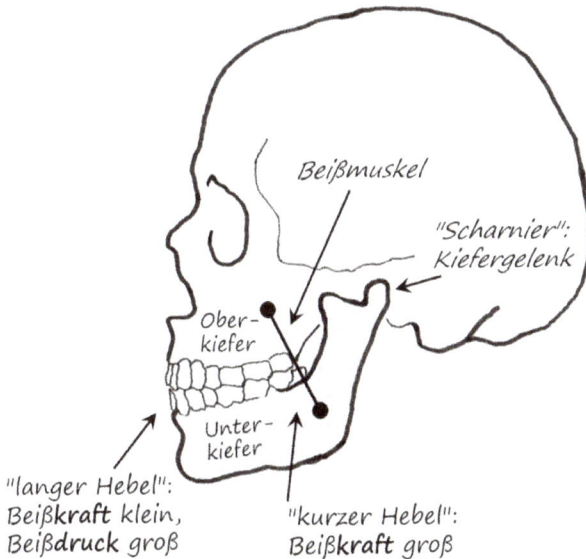

Bild I.1: Der menschliche Unterkiefer wirkt wie ein Hebel, der sich um das Kiefergelenk dreht. Im Bereich der Backenzähne ist der Hebel kurz und daher die Beißkraft groß, im Bereich der Schneidezähne ist der Hebel lang und die Beißkraft klein. Da die Schneidezähne jedoch eine kleine Fläche haben, mit der sie die Kraft wirken lassen können, ist hier der Beiß*druck* groß.

Bei Tieren mit langer Schnauze funktioniert das anders. Krokodile z. B. haben nicht nur eine größere Beißkraft (etwa 4.000 N) und einen größeren Beißdruck (etwa 15.000 N/cm^2), sondern sie schnappen auch mit enormer Beißgeschwindigkeit zu. Aber sie haben keine Schneidezähne. Sie packen ihr Beutetier mit großer Kraft mit den Vorderzähnen, halten es fest und zerren es zum Ertränken unter Wasser. Das Fleisch des Beutetiers wird mit ihren Zähnen nicht herausgeschnitten, sondern herausgerissen, manchmal sogar, indem sich das Krokodil um seine eigene Achse dreht.

Den größten Beißdruck im Tierreich schreibt man dem Weißen Hai zu. Mit seiner enormen Beißkraft (10.000 N), mit seinen in mehreren Zahnreihen angeordneten messerscharfen Zähnen (kleine Fläche) und einem Unterkiefer mit kurzem Hebelarm (große Kraftübertragung) kommt er auf sagenhafte 20.000 N/cm^2 Beißdruck. Das wäre so, als wenn ein 2-Tonnen-Auto auf Ihrer Fingerspitze lasten würde. Trotzdem hätten Haie größeres Recht, Angst vor Menschen zu haben als umgekehrt – wie im Übrigen die meisten anderen Tiere auch.

Zum Nachrechnen

Wenn man einen Gegenstand mit Muskelkraft anheben will, muss man entgegen seiner Gewichtskraft arbeiten. Die Gewichtskraft F_G ist die Kraft, die die Gravitation der Erde auf einen Gegenstand mit der Masse m ausübt. Die Einheit für die Kraft ist Newton (N):

$$F_G = m \cdot g \quad \text{mit der Einheit:} \quad N = kg \cdot \frac{m}{s^2}$$

Dabei ist g = 9,81 m/s^2 die Erdbeschleunigung.

Ein 20-Liter-Kanister mit Wasser wiegt etwa 20 kg, 4 Kanister also 80 kg mit einer Gewichtskraft von:

$$F_G = 80 \, kg \cdot 9,81 \, m/s^2 \approx 800 \, N.$$

Was bedeutet ein Beißdruck von 20.000 N/cm^2, den der Weiße Hai ausüben kann? Ein Auto, das 2 Tonnen wiegt (= 2.000 kg), hat eine Gewichtskraft von etwa 20.000 N. Wenn das Auto mit seinem gesamten Gewicht nur auf Ihrer Fingerspitze mit einer Fläche von etwa 1 cm^2 lastet, dann entspricht das dem Druck, den der Weiße Hai als Beißdruck einzusetzen in der Lage ist.

Thema I.8 Die Freiheit, wenn's juckt, sich zu kratzen

Es gibt nicht viele Tiere, die sich überall am Körper kratzen können. Ein Wildschwein muss sich dafür extra die Borke einer Eiche suchen, ein Elefant muss in ein Schlammbad und Pferde haben immerhin einen Schweif zum Verscheuchen von Fliegen. Menschen sind da zum Glück viel gelenkiger.

Ein nicht zu unterschätzender Vorteil in der Menschheitsentwicklung ist die Tatsache, dass wir Arme und Hände haben, mit denen wir nicht nur an alle Stellen unseres Körpers gelangen können, sondern auch sonst überall in unserer Umwelt auf vielfältige Art Hand anlegen können. Das liegt daran, dass wir über die Knochen unseres Skeletts mit verschieden langen „Auslegern" und Hebeln (Oberarm, Unterarm, Hand, Finger usw.) die Muskelkraft wie mit einem Werkzeug auf ein „Werkstück" zur Anwendung bringen können. Die große Variabilität der Bewegungen, quasi unsere Gelenkigkeit, haben wir aber der Art, der Vielfältigkeit und der Kombination der Gelenke in unserem Skelett zu verdanken.

Nehmen wir mal das Ellbogengelenk. Hiermit können wir in einer Drehbewegung den Unterarm in einer Richtung nach oben oder nach unten drehen. In der Technik würde man sagen: Das Ellbogengelenk ist ein Scharniergelenk und hat einen „Freiheitsgrad" von 1, d. h. eine einzige Möglichkeit der Bewegungsrichtung. Unser Schultergelenk ist gelenkiger. Es handelt sich hierbei um ein Kugelgelenk, das es ermöglicht, den Oberarm in alle drei Raumrichtungen zu drehen: nach oben und unten, nach vorn und hinten und (halb-)kreisförmig entlang der Oberarmachse. Dieses Gelenk hat also drei Freiheitsgrade, genauso wie das Handgelenk, das ebenfalls in drei Richtungen drehbar ist. Probieren Sie es mal aus!

Der gesamte menschliche Gelenkapparat des Arms hat also sieben Freiheitsgrade. Eigentlich werden (theoretisch) nur 6 Freiheitsgrade benötigt, um die Hand in einer beliebigen Orientierung und an eine beliebige Position im dreidimensionalen Raum zu bringen. Der zusätzliche Freiheitsgrad des menschlichen Arms erweitert also noch die mechanischen Möglichkeiten, mit der dies erreicht werden kann.

Wir können aber noch viel feinere Bewegungen durchführen. Wir haben ja vor allem noch die Feinmotorik und die Gelenke der Hand und der Finger. Hierbei handelt es sich meistens um Scharniergelenke mit jeweils einem Freiheitsgrad. Es gibt aber auch Gelenke mit zwei Freiheitsgraden, z. B. das Sattelgelenk des Daumens. Insgesamt befinden sich im menschlichen Skelett über 350 Gelenke. Das ergibt doch eine enorme Gelenkigkeit, oder? Die Abstimmung von Knochenlänge, Gelenkart und Muskulatur ermöglicht ein breites Spektrum verschiedener Bewegungen, von der Grobmotorik des kraftvollen Zupackens einer Axt bis hin zur Feinmotorik des sanften Einfädelns eines Fadens.

Ein Bagger soll mit seiner Schaufel von seinem jeweiligen Standort aus auch möglichst an jede Stelle des Arbeitsfeldes gelangen können. Hierfür hat er ebenfalls Gelenkarme, Achsen und Scharniere. Wenn Sie mal wieder einen Bagger sehen, können Sie ja mal dessen Freiheitsgrade zählen.

Auch in der Robotik spielen die Freiheitsgrade der Bewegung eine große Rolle. Soll ein Werkstück an einer bestimmten Stelle platziert oder bearbeitet werden, so werden auch hierfür (mindestens) 6 Freiheitsgrade benötigt. Ob das mit 2 Gelenken mit je 3 Freiheitsgraden, mit 6 Gelenken mit je einem Freiheitsgrad oder mit einer beliebigen Kombination aus Gelenken mit verschiedenen Freiheitsgraden erreicht werden soll, hängt von den speziellen Bedingungen ab.

Ich weiß zwar nicht, ob es einen Roboter irgendwo juckt und ob er sich gern kratzen würde, ich empfinde es aber als sehr vorteilhaft, genügend Freiheitsgrade in meinem Bewegungsapparat zu besitzen, damit ich mich an beliebiger Stelle kratzen kann, wenn's mich mal juckt.

II In Haus und Garten

Thema II.1 Völlig von der Rolle

Masse und Gewicht sind nicht immer dasselbe. Das hat etwas mit der Gravitationskraft zu tun.

Mein Freund Klaus-Detlef hat seinen Partykeller oben direkt unter dem Dach. Dort gibt es eine Luke in der Außenwand, durch die er die Bierfässchen zur Grundversorgung seiner Gäste in den Raum holt. Dazu ist oberhalb der Luke außen direkt unter dem Dachgiebel eine Rolle angebracht, über die ein Seil geführt ist, dessen beide Enden unten im Hof liegen. An dem einen Ende wird das Fass befestigt und an dem anderen Ende wird es per Armmuskulatur nach oben zur Luke gezogen (Bild II.1).

„Wie schwer ist denn so ein Fass?", frage ich. „Meinst du sein Gewicht oder seine Masse?", fragt Klaus-Detlef und kneift dabei seine Augenlider so merkwürdig zusammen. Ich kenne diesen Blick. Das bedeutet meist irgendeine Hintersinnigkeit. Ich bin entsprechend vorsichtig: „Ist das nicht dasselbe?"

Die Masse eines Gegenstands bleibt überall unverändert, egal ob auf der Erde, auf dem Mond oder in der Schwerelosigkeit einer Raumstation. Das Gewicht hingegen ändert sich je nach der herrschenden Gravitation. Auf dem Mond ist sie etwa 6-mal schwächer als auf der Erde, d. h. ein Gegenstand der gleichen Masse hat auf dem Mond ein 6-fach geringeres Gewicht. Auf der ISS-Raumstation hat er überhaupt kein Gewicht, aber immer noch die gleiche Masse. Die Stärke der Gravitation bestimmt also das Gewicht.

Klaus-Detlef hockt auf einem der Bierfässer, das gerade nach oben gezogen werden soll. „Die Gravitation ist eigentlich eine Kraft, man sagt ja manchmal auch Anziehungskraft dazu. Das Gewicht ist daher auch eine Kraft. Wenn ich eine Masse, also z. B. dieses Bierfass hier – oder auch dich – hochziehen will, dann muss ich eine Kraft dafür aufwenden. Eine Masse wird in Kilogramm (kg) und eine Kraft in Newton (N) angegeben. Auf der Erde ist beides mit einem Faktor von etwa 10 miteinander verknüpft. Du hast schätzungsweise eine Masse von 80 kg und (auf der Erde) eine Gewichtskraft von 800 N. So viel Kraft muss ich aufbringen, wenn ich dich vom Hof hier unten hinauf zur Luke meines Partykellers ziehen will (Bild II.1). Auf dem Mond müsste ich nur 130 N aufbringen."

Ich blicke etwas ratlos. „Und wozu soll das Ganze gut sein?" – „Wart's ab!", hält er mich noch hin. „Was würdest du machen, wenn du dich selbst von hier unten bis zur Luke hochziehen könntest?", fragt er weiter. „Ich würde mir das eine Ende des Seils um den Bauch binden und mit dem anderen Ende mit 800 N hochziehen", antworte ich. „Falsch! Du müsstest dann nur 400 N aufbringen."

Die Seilrolle am Giebel ist etwa 10 Meter hoch. Wenn Klaus-Detlef mich mit 800 N nach oben zieht, muss er 10 Meter Seil durch seine Hände gleiten lassen. Wenn ich mich selbst hochziehe, dann muss ich das gesamte Seil, angefangen von meinem Bauch zur Rolle (10 Meter) und von der Rolle zurück zu meinen Händen (weitere 10 Meter), also insgesamt 20 Meter Seil durch meine Hände gleiten lassen. Das Produkt aus Kraft und Seillänge bleibt immer gleich. Wenn ich weniger Kraft aufwenden will, muss ich mehr

https://doi.org/10.1515/9783111453699-002

Seillänge zur Verfügung stellen. Klaus-Detlef: „Füge jeweils noch eine Rolle an deinem Bauch und oben am Giebel hinzu und lasse das Seil darüber laufen. Dann hast du insgesamt eine Seillänge von 40 Metern und brauchst nur 200 N an Kraft. Das ist dann ein Flaschenzug!" Ich würde eher sagen: Ein Bierbauchzug!

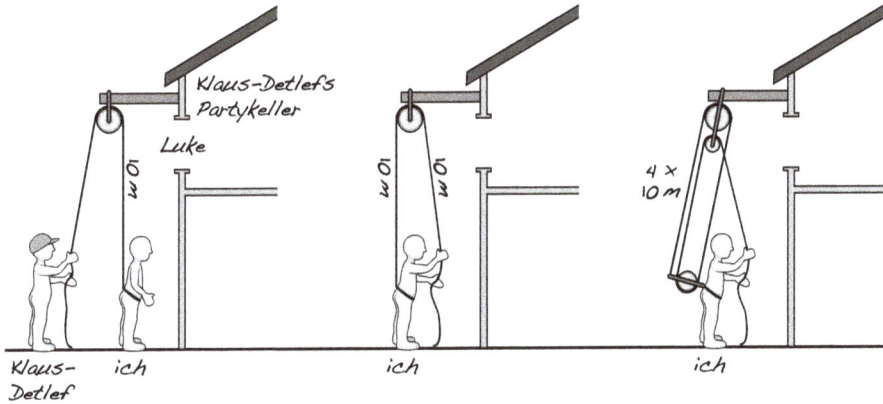

Bild II.1: Wenn mich Klaus-Detlef 10 Meter in die Höhe zieht (links), muss er eine Seillänge von 10 Metern durch seine Hände gleiten lassen und dabei eine Kraft von 800 N ausüben. Wenn ich mich selbst hochziehen will (mitte), dann muss ich 20 Meter Seil durch meine Hände gleiten lassen, benötige dabei aber nur eine Kraft von 400 N. Über ein Rollensystem (Flaschenzug) ergibt sich eine Seillänge von 40 Metern durch meine Hände, und ich muss lediglich eine Kraft von 200 N aufwenden (rechts).

Zum Nachrechnen

Gewicht und Masse sind nicht dasselbe. Das Gewicht wird durch die Gravitationskraft F_G erzeugt, die auf eine Masse m mit der Einheit kg wirkt (vgl. Thema I.7). Die Gravitation ist aber auf der Erde oder auf dem Mond (und auch überall woanders) unterschiedlich groß. Auf dem Mond ist sie etwa 6-mal geringer als auf der Erde. Die Einheit für die Gewichtskraft ist Newton (N):

$$F_G = m \cdot g \quad \text{mit der Einheit:} \quad N = kg \cdot \frac{m}{s^2}$$

Dabei ist auf der Erde $g = 9{,}81 \, m/s^2$ und auf dem Mond $g = 1{,}6 \, m/s^2$. Eine Masse von 80 kg hat eine Gewichtskraft:

$$\text{auf der Erde:} \quad F_G = 80 \, kg \cdot 9{,}81 \, m/s^2 \approx 800 \, N$$

$$\text{auf dem Mond:} \quad F_G = 80 \, kg \cdot 1{,}6 \, m/s^2 \approx 130 \, N$$

Um einen Gegenstand der Masse m mit einem Seil hochzuziehen, muss das Seil per (Muskel-)Kraft eine bestimmte Strecke mit den Händen und Armen bewegt werden, quasi „durch die Hände gleiten". Das Produkt aus Kraft F und Seilstrecke x durch die Hände ist die aufgebrachte Energie E:

$$E = F \cdot x$$

Wenn mich Klaus-Detlef 10 m nach oben zieht, lässt er 10 m Seil mit einer Kraft von 800 N durch seine Hände gleiten. Die dafür nötige Energie ist 8.000 Nm. Die Einheit Nm für die Energie wird mit Joule (J) abgekürzt, sodass sich dafür 8 kJ ergibt. Wenn ich mich selbst hochziehe, gleiten insgesamt 20 m Seil durch meine Hände. Auch ich muss eine Energie von 8 kJ aufbringen, benötige dafür aber nur eine Kraft von 400 N. Ein Flaschenzug mit einer zusätzlichen Rolle jeweils oben und unten verlängert die Seillänge, die ich durch meine Hände gleiten lassen muss, auf insgesamt 40 m (Bild II.1), reduziert die notwendige Kraft jedoch auf 200 N. Das Produkt sind wieder 8 kJ.

Wer die zum Hochziehen nötige Energie in kWh umrechnen will, kann das gerne tun (vgl. Thema I.1):

$$1\,J = 2{,}8 \cdot 10^{-7}\,kWh \quad \Rightarrow \quad 8000\,J = 2{,}2 \cdot 10^{-3}\,kWh = 2{,}2\,Wh$$

Thema II.2 Heißes Eisen, warmes Holz und kaltes Wasser

Warum fühlt sich Metall im Sommer wärmer an als Holz und im Winter genau umgekehrt?

Meine Freundin Pia-Marie hat einen Garten am Hang, zu dem eine kurze Treppe hinabführt. Sie hat mir nie verraten, warum der Treppenhandlauf auf der einen Seite aus Holz und auf der anderen Seite aus Edelstahl gefertigt ist. An einem der heißen Tage, von denen es im Sommer ja so viele gab, gehe ich die Treppe hinunter, umfasse mit der einen Hand den Holzhandlauf, mit der anderen den aus Stahl. „Verdammt heiß, das Metall", schimpfe ich, „viel heißer als das Holz!" – „Nein", widerspricht Pia-Marie, „beides hat exakt die gleiche Temperatur. Du *fühlst* es nur als heißer!" Eigentlich habe ich mich auf meine Gefühle immer gut verlassen können. Warum nicht hier?

Metalle leiten Wärme viel besser als Holz. Wenn man Holz anfasst, nimmt es die Wärme der Hand auf und behält sie an der Stelle, an der man es umfasst. Daher fühlt sich Holz immer „handwarm" an. Metalle dagegen leiten die Wärme aus dem Metall in die Hand hinein (wir spüren „heiß") oder aus ihr hinaus (wir spüren „kalt"), sodass ständig Wärme fließt und ein Temperatur*unterschied* aufrechterhalten bleibt. „Deshalb wäre in der Sauna eine Sitzbank aus Metall statt eine aus Holz wohl eine ziemlich blöde Idee", meint Pia-Marie, „auch wenn beide die gleiche Temperatur haben." Natürlich ist in der Sauna statt der Hand ein anderer Körperteil betroffen.

„Ich dachte immer, Holz und erst recht Wasser wären gute Wärmeleiter", will ich etwas Schlaues dazu beitragen. „Nein, du verwechselst die Fähigkeit, Wärme zu *leiten* mit der Fähigkeit, sie zu *speichern*. Das ist ein Unterschied", erwidert Pia-Marie, „Wasser und Holz können zwar viel Wärme speichern, man spricht von Wärmekapazität. Die Wärmeleitfähigkeit ist dagegen gering. Bei Metallen ist es eher umgekehrt."

Die unterschiedliche Fähigkeit von Stoffen, Wärme zu leiten, spielt insbesondere bei der Wärmeisolierung eine große Rolle. Luft hat, ähnlich wie Holz, eine geringe Wärmeleitfähigkeit, ist also ein guter Wärmeisolator. Dämmstoffe oder Kleidung, die einen Wärmeverlust verhindern sollen, enthalten daher meistens viel Luft. Will man jedoch Wärme speichern, z. B. bei Heizungen oder Temperaturpuffern, dann wird oft Wasser dafür benutzt. Die große Wärmespeicherkapazität von Wasser ist auch der Grund dafür, dass Meere und Seen im Sommer kühler sind als die Luft, während sie im Winter wärmer sind.

Ein Mensch in 5 °C kalter Luft friert zwar mächtig, kann es aber aushalten. In 5 °C kaltem Wasser ist er aber nach kurzer Zeit tot. Die Körperwärme wird im Wasser schneller abgegeben als in der Luft (größere Wärmeleitung), zudem entzieht Wasser dem Körper mehr Wärme als die Luft (größere Wärmekapazität).

Pia-Marie: „Als Surfer steckst du doch im Neoprenanzug." Ich möchte nicht, dass sie sich das wirklich vorstellt. „Das Neopren saugt sich mit Wasser voll. Es wird durch die Körperwärme erwärmt und bildet damit eine dünne warme Wasserschicht um den Körper, die bei jeder Bewegung mitgeführt wird und sich nicht mit dem Umgebungswasser vermischt. Damit wirkt ihre Isolierung nicht durch eine geringe Leitfähigkeit, sondern durch Verhinderung von Wärmeentzug."

Nächstes Mal gehe ich mit Pia-Marie surfen.

Thema II.3 AC/DC

Sie kennen doch „Highway to Hell" von der Gruppe „Wechselstrom/Gleichstrom". Was wechselt da eigentlich und was bleibt gleich? Und wer, zur Hölle, ist da unterwegs?

Es geht anscheinend um Elektrizität. Elektrischer Strom fließt auf einem Draht immer von einem Pluspol zu einem Minuspol. Sozusagen auf einem (Strom-)Highway from Heaven (?) to Hell. Dazwischen liegt ein „Verbraucher", ein elektrisches Gerät oder eine Lampe, durch die der Strom fließt und dabei Energie verbraucht. Wo der Pluspol und der Minuspol liegen, bestimmt die Stromquelle. Bei einer Batterie, z. B. in einer Taschenlampe oder im Auto, sind diese Pole mit einem „+" und einem „−" gekennzeichnet. Hier fließt Strom immer in die gleiche Richtung, es handelt sich also um „Gleichstrom."

Zu Hause in der Steckdose funktioniert das anders. Dort gibt es zwar auch zwei Kontaktbuchsen, aber der Pluspol und der Minuspol wechseln ständig zwischen beiden Buchsen hin und her – 50 Mal in jeder Sekunde. Man spricht dabei von einer 50 Hertz-Frequenz. Wenn hier jetzt ein Stecker (z. B. von einem Staubsauger) in die Steckdose gesteckt wird, dann fließt auch Strom durch einen „Verbraucher" (Staubsauger), er wechselt aber ständig seine Richtung, es fließt „Wechselstrom".

Wie viel Strom fließt, wird sowohl für Gleichstrom als auch für Wechselstrom in „Ampere" (A) gemessen und hängt vom Verbraucher (dem elektrischen Gerät) ab. Durch eine kleine LED-Lampe fließen etwa 0,01 A, durch einen Staubsauger gut und gerne bis zu 4 A.

Spannend wird's wenn Spannung herrscht. Die elektrische Spannung wird in „Volt" (V) gemessen und ist für jede Stromquelle immer gleich, egal welcher Verbraucher seinen Stecker in der Steckdose hat. Eine kleine Taschenlampenbatterie hat oft 1,5 V an Spannung, eine Autobatterie 12 V und Ihre Steckdose zu Hause hat immer 230 V, sogar dann, wenn überhaupt kein Gerät angeschlossen ist. Die Spannung sorgt dafür, *dass überhaupt* Strom fließen kann, der Verbraucher bestimmt, *wie viel* Strom fließt. Wenn man Spannung und Strom miteinander multipliziert, erhält man die „Leistung" des Geräts, gemessen in Watt (W). Ein Staubsauger mit 230 V (Steckdose), durch den ein Strom mit 4 A fließt, hat also eine Leistung von 920 W (Volt mal Ampere ergibt Watt, vgl. Thema II.4). Wenn Sie eine Stunde lang staubsaugen, verbrauchen Sie 920 Watt mal 1 Stunde (h). Das ergibt 920 Wattstunden (Wh) oder 0,92 Kilowattstunden (kWh), wofür Sie etwa 25 Cent bezahlen müssen. Allerdings nur für die elektrische Energie, denn staubsaugen müssen Sie schon selbst – vermutlich für umsonst.

Als um die 1890er Jahre die technische Entwicklung so weit fortgeschritten war, dass die Fabriken und teilweise auch die Haushalte mit elektrischem Strom versorgt werden sollten, stand auch die Entscheidung an, ob man Gleichstrom oder Wechselstrom zur Energieübertragung benutzen sollte. Darüber gab es eine erbitterte Auseinandersetzung zwischen Thomas Edison (der mit der Glühbirne) und Nicola Tesla (der mit dem Elektroauto), wobei es natürlich auch um viel Geld ging. Durchgesetzt hat sich schließlich der Wechselstrom.

Aktuell spielt dieser Punkt wieder eine große Rolle: Neben den uns vertrauten Hochspannungsleitungen (Wechselstrom) sollen demnächst Leitungstrassen für Hochspannungsgleichstrom zum Energietransport über große Strecken gebaut werden. Gleichstrom benötigt zwar eine aufwendigere Technik, zeichnet sich jedoch durch geringere Energieverluste aus. In den künftigen Übertragungsnetzen können auch kombinierte Systeme, sogenannte Hybridleitungen, zum Einsatz kommen. Beide Systeme können im Prinzip als Freileitungen (billiger) oder auch als Erdkabel (teurer) ausgelegt sein. Auch bei der Energieübertragung gilt wieder: Die Spannung an einer Hochspannungsleitung ist immer konstant (z. B. 110.000 V), während der Strom vom jeweiligen Stromverbrauch abhängt (irgendwo zwischen 0 und etwa 1.000 A).

Übrigens: Wechselstrom heißt auf Englisch AC (alternating current) und Gleichstrom heißt DC (direct current).

Thema II.4 Spannung und Hochspannung

Es gibt viel Spannung im Leben: im Fußball, im Film, in der Beziehung, im Gummizug vom Hosenbund. Und in der Steckdose.

Kümmern wir uns zunächst einmal um die elektrische Spannung, also um die 230 Volt in der Steckdose. Das Wort „Spannung" charakterisiert die Physik dahinter viel treffender als man vielleicht denkt. Wenn wir beispielsweise eine Spiralfeder aus Stahl mit Kraft zusammendrücken, dann steht sie „unter Spannung" und sie speichert auf diese Weise Energie. Ähnliches gilt auch für einen Bogen, den wir mittels einer Sehne auseinanderziehen. Die Energie bleibt so lange gespeichert, bis sich die Spiralfeder oder die Bogensehne wieder entspannt. Ein Ball oder ein Pfeil können dann die Energie aufnehmen und sie in Form von Bewegung forttragen.

Elektrische Ladungen in einem Kabel oder Draht können auch „unter Spannung" stehen. Dafür sorgt z. B. ein Kraftwerk, ein Generator oder eine Batterie. Für jede elektrische Ladung wird quasi eine kleine „elektrische Feder" zusammengedrückt (oder ein „elektrischer Flitzebogen" gespannt). Die Stärke, mit der sie „unter Spannung" gehalten wird, wird in Volt (V) gemessen und ist immer konstant, z. B. 12 V in einer Batterie oder 230 V in der Steckdose. Wenn ein Stecker irgendeines Elektrogeräts in die Steckdose gesteckt wird, dann bewegen sich die Ladungen, angetrieben durch die elektrische Spannung, durch den Draht und es fließt Strom. Wie viele Ladungsträger durch den Draht fließen, wird als „Stromstärke" bezeichnet und mit der Einheit Ampere (A) gemessen. Ein Kraftwerk oder ein Generator sorgen dabei nicht nur für die Kraft, mit der die Ladungsträger unter Spannung gehalten werden, sondern sie liefern diese auch immer wieder nach.

Die Energie, die pro Zeit an ein Elektrogerät abgegeben wird, kann ganz einfach als Produkt aus Spannung und Stromstärke angegeben werden. Volt (V) mal Ampere (A) ergibt Watt (W). Wenn Sie ein Gerät in die Steckdose stecken, das 0,5 A Stromstärke braucht, und es 4 Sunden (h) lang betreiben, dann hat es 0,46 kWh (230 V mal 0,5 A mal 4 h) elektrische Energie verbraucht. Wenn Sie *keinen* Stecker in die Steckdose stecken, dann haben Sie auch keine Energie verbraucht, obwohl ständig eine Spannung vorhanden ist (230 V mal 0 A mal egal wie viel Zeit ist immer gleich 0 kWh).

Warum aber gibt es überhaupt Hochspannungsleitungen? Wenn wir doch immer konstant 230 V in der Steckdose haben wollen, warum wird Strom nicht überall mit dieser Spannung übertragen?

Elektrische Ladungen verlieren beim Transport durch Leitungen Energie. Je mehr Strom fließt, desto mehr Energie geht verloren. Daher will man möglichst *wenig* Stromstärke bei *gleicher* Energie durch die Leitung schicken. Geht das denn? Ja, denn wenn man 10-mal weniger Stromstärke, dafür aber 10-mal mehr Spannung hat, dann bleibt das Produkt, also die Energie pro Zeit konstant. Weniger Stromstärke bedeutet aber weniger Verluste beim Transport über weite Strecken. Den Vorgang „Spannung rauf und Stromstärke runter" nennt man „Umspannen" und das Gerät, mit dem man das macht, ist ein Transformator. In der Praxis sind Hochspannungen immerhin bis zu 380.000 V üblich.

Inwieweit sich Spannungen in der Beziehung oder im Hosenbund auch transformieren lassen, ist dagegen ein noch weitgehend ungelöstes Problem.

Zum Nachrechnen

Die Leistung P mit der Einheit Watt (W) kann ganz allgemein als Energie E pro Zeit t z. B. mit den Einheiten Joule (J) pro Sekunde (s) angegeben werden. Ein Joule ist dann also ein Watt mal eine Sekunde. Wenn es sich um eine *elektrische* Leistung handelt, ist dies zusätzlich auch noch das Produkt aus Spannung U mit der Einheit Volt (V) und Strom I mit der Einheit Ampere (A):

$$P = \frac{E}{t} = U \cdot I \quad \text{bzw.} \quad E = P \cdot t = U \cdot I \cdot t \quad \text{z. B.:} \quad 230\,\text{V} \cdot 0{,}5\,\text{A} \cdot 4\,\text{h} = 460\,\text{Wh} = 0{,}46\,\text{kWh}$$

Wenn kein Strom fließt, wenn also $I = 0$, dann wird keine Energie „verbraucht":

$$E = 230\,\text{V} \cdot 0\,\text{A} \cdot 4\,\text{h} = 0$$

Ein Transformator erhöht die Spannung und erniedrigt den Strom so, dass das Produkt aus beiden unverändert bleibt, z. B.:

$$P = \frac{E}{t} = 230 \cdot V \cdot 1\,A = 2300 \cdot V \cdot 0,1\,A = 230.000 \cdot V \cdot 0,001\,A = 230\,kV \cdot 1\,mA$$

Je kleiner der Strom, desto geringer die Leitungsverluste. Eine Umspannung auf hohe Spannungen dient also der Verringerung von Leitungsverlusten.

Thema II.5 Abrollen, Abspulen und Abwickeln

Warum soll man eigentlich das Kabel von Kabeltrommeln immer vollständig abrollen, wenn man Geräte anschließt?

Meine Freundin Christa-Andrea plant wieder eine ihrer legendären Frühlingsgartenfeiern und ich will ihr beim Aufbauen etwas helfen. „Du kannst schon mal die Kabeltrommel nehmen und die elektrischen Geräte anschließen", bekomme ich als erste Arbeitsanweisung. Kein Problem. Musikanlage, Beleuchtung, Kühlschrank, Bierfasskühlanlage. Klappt wunderbar. Jetzt nur noch der Elektrogrill. Zum Testen habe ich schon eine Wurst in der Zange. Ich schalte den Grill an und ... Plopp! Die Sicherung der Kabeltrommel fliegt raus. Ich schaue mir die Geräte an. Na gut, der Grill, der zieht schon ordentlich Strom. Aber das muss eine Sicherung doch trotzdem aushalten!

„Mann, oh, Mann", schimpft Christa-Andrea. „Du musst doch das Kabel aus der Trommel abrollen, wenn du elektrische Geräte daran anschließt und anschaltest! Das weiß man doch!" Ich schaue mir die Kabeltrommel nochmal genau an. Dort sehe ich ein Schild mit einem Symbol für ein aufgewickeltes Kabel: 1.200 Watt und mit einem Symbol für ein abgerolltes Kabel: 3.500 Watt. Was soll das denn? Wieso kann man bei abgerolltem Kabel mehr Leistung anschließen als an einem aufgerollten?

Christa-Andrea hat gerade einen Tintenstift zur Markierung von Tischdecken in der Hand. Sie schiebt einen meiner Ärmel hoch und beginnt auf meinem Arm zu schreiben. Super, denke ich, ich kriege ihre Handynummer! Stattdessen aber: „Ich schreibe es dir auf die Haut: Du hast Geräte mit einer Gesamtleistung von, sagen wir, 2.300 Watt. Bei einer Spannung von 230 Volt sind das 10 Ampere Stromstärke. Spannung mal Strom ist Leistung, klar?" Ich bin etwas enttäuscht wegen der Handynummer. „Wenn Strom durch ein Kabel fließt, dann wird das Kabel dabei warm, man nennt das Joule'sche Wärme. Man kann ausrechnen, wie viel das ist." Christa-Andrea schreibt wieder: „Widerstand des Kabels: 1 Ohm. Das mal Stromstärke 10 Ampere zum Quadrat ergibt 100 Watt." 100 Watt Wärmeentwicklung würden das Kabel schon nach kurzer Zeit ziemlich stark erwärmen. Wenn das Kabel abgerollt ist, kann es die Wärme gut an die Umgebung abgeben. Wenn es allerdings auf der Trommel aufgerollt ist, dann kann die Wärme nicht entweichen und es ergibt sich ein Hitzestau und das Kabel wird gefährlich heiß. Darum hat jede Kabeltrommel einen Temperaturschalter als Überhitzungsschutz. Bei etwa 65 Grad schaltet der den Stromkreis einfach ab.

Das leuchtet mir alles einigermaßen ein. Aber wenn bei einem abgerollten Kabel die Wärmeentwicklung keine Rolle spielt und daher der Temperaturschalter nie anspringt, warum gibt es dann auf dem Kabeltrommelschild eine maximale Leistung auch für ein abgerolltes Kabel?

Ich rechne nach: Bei 3.500 Watt maximaler Leistung und einer Netzspannung von 230 Volt bedeutet das eine Stromstärke von etwas mehr als 15 Ampere. Mehr darf es sowieso nicht sein, denn der Haushaltsstrom ist meistens durch eine 16-Ampere-Sicherung abgesichert. Bei mehr Leistung würde zwar nicht der Temperaturschalter der Kabeltrommel, wohl aber die Haushaltsicherung den Strom unterbrechen.

Christa-Andrea zückt wieder ihren Stift. „Übrigens, hier meine Handynummer!"

Zum Nachrechnen

Das Produkt aus Spannung U mit der Einheit Volt (V) und Stromstärke I mit der Einheit Ampere (A) ist die Leistung P mit der Einheit Watt (W):

$$P = U \cdot I \quad \text{mit den Einheiten:} \quad W = V \cdot A \quad \text{z. B.:} \quad P = 230\,V \cdot 10\,A = 2.300\,W$$

Wenn ein Strom I durch einen Widerstand R mit der Einheit Ohm (Ω) fließt, dann wird Energie aus dem Stromkreis an den Widerstand abgegeben, die in Form von Wärmeenergie („Joule'sche Wärme") zur Erwärmung des Widerstands führt. Auch ein Kabel stellt einen Widerstand dar, sodass ein stromdurchflossenes Kabel warm wird. Die Wärmeenergie E_W (Joule'sche Wärme), die an das Kabel abgegeben wird, errechnet sich aus folgendem Zusammenhang:

$$\frac{E_W}{t} = P_W = U \cdot I = R \cdot I^2 \quad \text{z. B.:} \quad P_W = 1\,\Omega \cdot (10\,A)^2 = 1\frac{V}{A} \cdot 100\,A^2 = 100\,V \cdot A = 100\,W$$

Darin versteckt sich auch das „Ohm'sche Gesetz", das den Zusammenhang von Spannung und Strom angibt (vgl. Thema II.9):

$$U = R \cdot I$$

Thema II.6 Überall nur Netzteil-Chaos

Kennen Sie auch das Durcheinander von Netzteilen in Ihren Schubladen, unterm Sofa und in den Steckdosen?

Früher gab es ein paar Steckdosen im Wohnzimmer für die Stehlampe, fürs Radio und für den Fernseher. Das war's meistens schon an Elektrogeräten. Auch heute sind es eher wenige Haushaltsgeräte mit hoher Leistung, deren Stecker man einfach direkt in die Steckdose steckt. Das sind z. B. Staubsauger, Küchenmixgerät, Bohrmaschine oder Föhn. Wir haben aber eine schier unüberschaubare Vielzahl von Geräten mit geringer Leistung – durchschnittlich immerhin mehr als 70 Geräte pro Haushalt! Die meisten davon haben Netzteile, die überall in der Wohnung herumliegen, die einen Netzteilklumpen in der Steckdose bilden oder versteckt hinter Büchern oder Bildern verstauben. Ein wildes Chaos unterschiedlicher Bauarten, mit und ohne Kabel – und alle auch noch verschieden für jedes Gerät! Warum eigentlich?

Geräte mit Netzteil haben meistens eher geringe Leistungen, häufig 100- oder sogar 1.000-mal weniger als ein Staubsauger. Das sind Leistungen im Bereich von etwa 1 bis 10 Watt (Laptop und Fernseher allerdings deutlich mehr). Weil es sich meist um empfindliche elektronische Geräte handelt, vertragen sie keine hohen Spannungen, auch nicht die 230 V aus der normalen Steckdose. Solche Spannungen würden zu Stromüberschlägen zwischen den zahlreichen feinen Stromleitern und Schaltelementen führen. Darum muss man die Spannung von 230 V auf meist etwa 5 V „heruntertransformieren". Diese Aufgabe übernimmt ein Netzteil, dessen Herzstück ein Transformator („Trafo") ist.

Ein klassischer Trafo besteht aus einem rechteckigen Ring aus Eisen (vgl. Bild II.2), um dessen eine Seite ein Draht einige 1.000-mal herumgewickelt ist. Durch diesen Draht fließt über eine Spannung von 230 V der Strom aus der Steckdose („Primärstromkreis"). Um die andere Seite des Eisenrings ist ein weiterer Draht gewickelt, der jedoch elektrisch nicht mit dem ersten verbunden ist. Dieser Draht versorgt das verbundene elektronische Gerät mit Strom („Sekundärstromkreis"). Die Übertragung der Energie von einem Stromkreis auf den anderen erfolgt über ein magnetisches Feld, das sich in dem (gemeinsamen) Eisenring bildet. Das Verhältnis der Anzahl der Wicklungen bestimmt das Verhältnis der Spannungen: Bei 3.000 Wicklungen im 230-V-Primärstromkreis und 60 Wicklungen (Faktor 50) im Sekundärstromkreis ergibt sich dort eine Spannung von 4,6 V (ebenfalls Faktor 50). Dass Netzteile häufig so klobig wirken, liegt an dieser merkwürdigen Bauart mit Eisenring und Drahtwicklungen. Viele moderne Netzteile benötigen allerdings diese Bauelemente in dieser Form so nicht mehr, sondern beruhen auf einem elektronischen Prinzip.

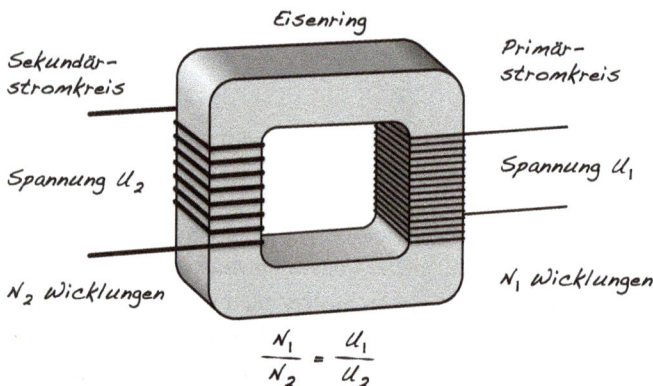

Eisenring

Sekundär-
stromkreis

Primär-
stromkreis

Spannung u_2

Spannung u_1

N_2 Wicklungen

N_1 Wicklungen

$$\frac{N_1}{N_2} = \frac{u_1}{u_2}$$

Bild II.2: Ein geschlossener Eisenring ist auf der einen Seite („Primärkreislauf") mit einem Draht mit N_1 Wicklungen umwickelt. Auf der anderen Seite ist ein zweiter Draht („Sekundärkreislauf") mit N_2 Wicklungen ebenfalls um den Eisenring gewickelt. Beide Drähte sind nicht miteinander verbunden. Die energetische Kopplung der beiden getrennten Stromkreise erfolgt über ein geschlossenes magnetisches Feld, das durch den Eisenring geht.

Die unüberschaubare Fülle verschiedener Netzteile, die untereinander kaum oder gar nicht kompatibel sind, ist wirklich lästig. Das liegt zwar hauptsächlich an den unterschiedlichen Strom- und Leistungsanforderungen der angeschlossenen Geräte, ist aber auch Folge eines eklatanten Mangels an entsprechender Normung. Wie optimistisch man da sein darf, kann man am langjährigen Bemühen der EU ablesen, wenigstens nur die Handystecker zu normen – bislang mit mäßigem Erfolg.

In Neubauten werden seit einiger Zeit zunehmend Steckdosenleisten mit USB-Anschlüssen verbaut. Künftig wird die häusliche Versorgung mit solchen 5-V-Anschlüssen das Netzteilchaos vielleicht etwas eindämmen. Ob das allerdings wirklich zu mehr Ordnung im Haus führt, wollen wir mal dahingestellt sein lassen.

Thema II.7 Warum gibt es immer weniger Blitzableiter?

Blitzableiter sollen Gebäude vor Schäden durch Blitzeinschläge schützen. Blickt man sich um, so sieht man eher wenige Häuser mit solchen Anlagen. Nützen Blitzableiter etwa nichts mehr?

Ein Blitz ist nichts anderes als ein plötzlicher kurzer Strom, ein Fluss von elektrischen Ladungen aus den Wolken zum Erdboden. Das können innerhalb einiger Millisekunden gut und gerne mal 10.000 Ampere (A) sein, 1.000-mal mehr als Ihre Hauptsicherung im Haus absichert. Ein einziger Blitz kann eine Energie von 300 Kilowattstunden (kWh) enthalten. Das ist etwa halb so viel, wie im Benzintank eines Autos steckt oder dreimal so viel wie in einem E-Autoakku. Wenn so viel Energie durch Blitzeinschlag im Haus schlagartig frei wird, kann das mächtigen Schaden anrichten. Also ist ein Blitzableiter, der das verhindern kann, eine gute Idee. Aber wie funktioniert eigentlich ein Blitzableiter?

Eine gewittrige Wetterlage führt dazu, dass sich mehr und mehr elektrische Ladungen in den Wolken ansammeln, d. h. Wolken werden wie ein Akku „aufgeladen". Das kann zu unglaublich hohen Spannungen von einigen 10 Mio. Volt (V) zwischen Wolke und Erdboden führen. Luft ist glücklicherweise ein guter Isolator und die elektrischen Ladungen aus der Wolke können nicht so ohne Weiteres durch die Luft in den Erdboden abfließen. Das geht erst, wenn die Spannung einen bestimmten Wert überschreitet. Bei Gewitterwetter und Wolken, die in einer Höhe von vielleicht 1.000 m hängen, wären das etwa 50 Mio. V. Hat die Wolke diese Spannung erreicht, entlädt sie sich schlagartig – ein Blitz, d. h. ein gewaltiger Strom aus elektrischen Ladungen, zischt vom Himmel!

Ein Blitz will möglichst auf direktem Wege auf einen Punkt des „niedrigsten Potenzials", so nennen es die Elektrotechniker. Das ist meistens der Erdboden, wo sich die Ladungen dann gleichmäßig verteilen können (vgl. Thema III.4). Aber auch hohe Gegenstände oder Objekte, so wie Bäume oder Häuser, können Endpunkt eines Blitzes sein. Ein Blitzableiter ist nichts anderes als ein einfacher Metallstab. Wenn ein solcher in der Erde steckt, hat jeder Punkt entlang des gesamten Stabes das gleiche niedrige elektrische Potenzial wie die Erde selbst. Wenn man diesen Stab dann bis zum höchsten Punkt eines Hausdachs führt, dann hat man also auch den Punkt „niedrigsten Potenzials", den sich der Blitz ja gerne als „Einschlagspunkt" wählt, nach ganz oben gezogen. Genau dies ist die Funktion eines Blitzableiters: er leitet den Blitz vom Himmel am Haus vorbei ab in die Erde.

Man sieht Blitzableiter immer seltener und an Neubauten fast gar nicht. Das liegt nicht etwa an irgendeiner Einschränkung ihrer Funktion, sondern eher daran, dass ihre Installation am Haus etwas kostet, die Wohngebäudeversicherungen aber dafür keinen Nachlass anbieten. Bei einem Schaden zahlt die Versicherung – mit oder ohne Blitzableiter.

Blitzableiter sind offenkundig ein einfaches Mittel gegen große Blitzschäden durch direkten Blitzeinschlag ins Haus. Die Ladungsverteilungen durch den ins Erdreich abgeleiteten Blitz oder durch Blitzeinschlag irgendwo in der Nähe können jedoch zu Spannungsänderungen führen, die sich im Hausnetz als „Überspannungen" bemerkbar machen und durchaus empfindliche elektronische Geräte beschädigen können („Überspannungsschäden"). Davor schützt auch kein Blitzableiter. Aber wenn man Glück hat, zahlt die Hausratsversicherung.

Zum Nachrechnen

Bei einem Gewitter kann eine Spannung U_B von 50 Mio. V ($50 \cdot 10^6$ V) zwischen Wolke und Erdboden auftreten. Durch einen Blitz mit einer Stromstärke I_B von 10.000 A (10^4 A) wird dieser „Wolken-Akku" entladen. Das Ganze geschieht blitzartig in einer Zeit von vielleicht $t_B = 2$ ms ($2 \cdot 10^{-3}$ s). Daraus ergibt sich eine Blitzenergie E_B von:

$$E_B = P_B \cdot t_B = 50 \cdot 10^6 \text{ V} \cdot 10^4 \text{ A} \cdot 2 \cdot 10^{-3} \text{ s} = 10^9 \text{ Ws} = \frac{10^9}{3{,}6 \cdot 10^3} \text{ Wh} \approx 300 \text{ kWh}$$

Thema II.8 Like a Bird on the Wire

> Warum kann ein Zugvogel vor dem Start in den Süden ganz locker und völlig entspannt auf einem Hochspannungsdraht sitzen?

Ein Vogel kann ohne Schaden auf einer 110.000-Volt-Leitung sitzen und ein Marienkäfer völlig unversehrt in eine 230-Volt-Steckdose kriechen, während wir bei 230 V einen mächtigen elektrischen Schlag bekommen und 110.000 V sicher nicht überleben würden. Sind wir so viel empfindlicher als ein Käfer?

Stellen Sie sich ein „elektrisches Gebirge" vor mit einem „elektrischen See" auf einem Hochplateau und einem anderen See in einem „elektrischen Tal". Die beiden Seen sind gefüllt mit elektrischen Stromteilchen (in echt sind das die Elektronen im Draht Ihrer Stromleitung). Die Stromteilchen des Hochplateau-Sees sind durch eine Batterie, durch einen Generator oder – wie beim Haushaltsstrom aus der Steckdose – durch ein Kraftwerk dort hochgepumpt worden. Will man Energie aus diesem System herausholen, so muss Strom vom oberen See in den Talsee fließen. Je größer der Höhenunterschied zwischen beiden Seen ist, desto mehr Energie kann dem System entnommen werden. Da also die Höhe eines Sees im Gebirge bestimmt, wie viel Energie „potenzi-ell" geliefert werden kann, wird jedem See ein „elektrisches Potenzial" zugeordnet. Der Potenzial*unterschied* zwischen zwei Seen ist dann die „Spannung", gemessen in Volt (V). Bei Ihnen zu Hause entsprechen die beiden elektrischen Seen z. B. den beiden Buchsen Ihrer Steckdose.

Wenn ein See auf einer Höhe von 1.000 m liegt (analog zu 1.000 V), der andere auf 770 m (analog zu 770 V), dann ist der Höhen*unterschied* 230 m (analog zu 230 V). Das er-gibt dieselbe Energie, als wenn der eine See auf 230 m liegt und der andere auf null. In beiden Fällen beträgt die Spannung 230 V. Es herrscht keine Spannung und es fließt kein Strom, wenn sich beide Seen auf gleichem Potenzial (gleicher Höhe) befinden.

Wenn also unser kleines süßes Marienkäferchen in eine Buchse der Steckdose krab-belt, dann bewegt es sich immer auf gleichem Potenzial, es fließt also kein Strom durch seinen Körper und das Käferchen bekommt keinen Schlag. Dasselbe gilt für den Vogel auf einem Draht der Hochspannungsleitung. Wenn wir hingegen mit dem Finger einen Draht in der Steckdose berühren, hängt es davon ab, auf welchem Potenzial dieser Draht sich befindet. Wir selbst sind über den Erdboden auf dem Potential Null. Berühren wir den Draht, dessen Potenzial auch auf Null liegt, dann spüren wir nichts. Haben wir aber den Draht mit hohem Potenzial (230 V) erwischt, dann herrscht eine Spannung zwischen diesem Draht und uns, es fließt Strom durch unseren Körper und wir bekommen einen heftigen elektrischen Schlag.

Wesentlich weniger schmerzhaft kann man mit einem sogenannten „Phasenprüfer" (oder Spannungsprüfer) herausfinden, welcher der Drähte auf hohem Potenzial liegt. Das ist häufig einfach ein Schraubenzieher mit einem eingebauten kleinen Lämpchen. Das Lämpchen leuchtet, wenn man die Spitze des Schraubenziehers an den Draht (oder die Buchse der Steckdose) mit hohem Potenzial hält.

Wenn wir – like a bird on the wire – auf einer Hochspannungsleitung sitzen wür-den (wie auch immer wir das anstellen), dann würden auch wir das völlig ohne Schaden überstehen und unser Phasenprüfer würde auch nicht leuchten. Erst wenn wir zusätz-lich einen anderen Draht, den Hochspannungsmast oder den Erdboden berühren, dann würde nicht nur unser Phasenprüfer seinen Geist aufgeben.

Thema II.9 Die Physik des Weidezauns

> Eine Frage an die männlichen Leser: Wurden Sie auch als Junge zur Mutprobe von den Freunden dazu aufgefordert, an einen elektrischen Weidezaun zu pinkeln? Und? Haben Sie es gemacht?

Ein Weidezaun soll ja kein Objekt für Mutproben sein, sondern er soll Kühe dazu be-wegen, ihren Freiheitsdrang auf das umzäunte Areal zu beschränken. Ein Elektrowei-dezaun besteht aus einem Metalldraht oder einem Kunststoffband mit integrierter Me-talllitze. Er soll ja elektrisch leitend sein. Nun wird der Draht unter Spannung gesetzt. Das geschieht z. B. mittels einer 12-V-Autobatterie. 12 V reichen aber nicht, denn entlang einer Zaunlänge von einigen 100 Metern würde die Spannung nahezu auf null abfallen, auch wenn der Draht gut isoliert an den Zaunpfählen befestigt ist. Deswegen wird mittels eines Spannungswandlers (vgl. Thema II.6) die Spannung von 12 V auf immerhin einige 1.000 V gebracht, also auf ein Vielfaches der Steckdosenspannung zu Hause.

Der Weidezaundraht steht also unter Spannung. Es fließt aber kein Strom, denn der Stromkreis ist nicht geschlossen. Das wäre erst der Fall, wenn es einen Weg gäbe, auf dem der Strom zur Batterie zurückfließen kann. Den gibt es tatsächlich erst in dem Augenblick, wenn die Kuh den Zaun berührt. Dann kann der Strom aus dem Draht durch die Kuh hindurch über den Erdboden zurück zur Batterie fließen. Damit das Zurückfließen durch den Boden gut funktioniert, müssen ein paar Metallelektroden, die mit dem Erdungspol der Batterie verbunden sind, in die Erde gerammt werden.

Kühe und Menschen spüren einen unangenehmen Stromschlag ab etwa 10 Milliampere (mA), diesbezüglich sind wir Kühen ziemlich ähnlich. Auch den Körperwiderstand kann man für beide ganz grob mit 1.000 Ohm (Ω) ansetzen.

Grundlage der Funktion eines Weidezauns ist „URI", das so genannte „Ohm'sche Gesetz", wie Sie es vielleicht noch aus der Schule kennen: Spannung U (gemessen in V) ist gleich Widerstand R (gemessen in Ω, sprich: „Ohm") mal Strom I (gemessen in A). Damit rechnen wir den Strom aus: 1.000 V durch 1.000 Ω ist gleich 1 A. Das wäre allerdings ein äußerst heftiger und ziemlich gefährlicher Stromschlag, sogar für Kühe. Deshalb begrenzt man den Stromfluss auf eine Dauer von weniger als einer Millisekunde (ms). In dieser kurzen Zeit ist der Strom stark genug, um auf den Körper eine Energie wirken zu lassen wie es ein 1-kg-Stein tun würde, der einem aus 10 cm Höhe auf die Füße fällt. Die zeitliche Begrenzung des Stromflusses erreicht man, indem die auf den Draht aufgebrachte Spannung in Pulsen von weniger als 1 ms Dauer und mit etwa 1 Sekunde Pause erfolgt.

Was passiert aber, wenn ein Mensch einen Weidezaundraht berührt? Wenn man elektrisch gut isolierende Schuhe trägt (z. B. Gummistiefel) und zudem noch auf trockenem Boden steht, dann geschieht - nichts. Denn Gummisohlen und trockener Boden haben einen großen Widerstand und nach URI fließt dann nur ein entsprechend kleiner Strom. Stehen Sie dagegen barfuß im Schlamm (so wie die Kuh), dann werden Sie das spüren, was auch die Kuh spüren soll.

Und die Mutprobe (für Männer)? Damit Strom entlang Ihres Urinstrahls durch Sie hindurch (bzw. durch eines Ihrer empfindlichsten und wertvollsten Organe) fließen kann, darf der Strahl an keiner einzigen Stelle unterbrochen sein. Das ist aber bei Abständen größer als einige 10 cm schon nicht mehr der Fall. Da kann man *eigentlich* ganz beruhigt sein.

Ich habe mich aber trotzdem bis jetzt immer um diese Mutprobe herumdrücken können.

Zum Nachrechnen

Das „Ohm'sche Gesetz" besagt, dass der Strom I (mit der Einheit A) von der Spannung U (mit der Einheit V) und dem Widerstand R (mit der Einheit Ω) abhängt:

$$I = \frac{U}{R} \quad \text{bzw.} \quad U = R \cdot I \quad (\text{„URI"})$$

Die Energie E (mit der Einheit J oder kWh) pro Zeit t (mit der Einheit s) ist die Leistung P (mit der Einheit W), die wiederum als Produkt aus Spannung U (mit der Einheit V) und der Stromstärke I (mit der Einheit A) angegeben werden kann:

$$\frac{E}{t} = P = U \cdot I \quad \text{bzw.} \quad E = P \cdot t = U \cdot I \cdot t$$

Die Energie E, die benötigt wird, um eine Masse m in eine Höhe h zu heben, wird als „potenzielle Energie" bezeichnet und errechnet sich aus:

$$E = m \cdot g \cdot h$$

dabei ist g die „Erdbeschleunigung" mit $g = 9{,}81$ m/s^2. Die Energie, die ein „Weidezaunstrom" in 1 ms im Körper erzeugt, entspricht dann:

$$E = 1.000 \, V \cdot 1 \, A \cdot 0{,}001 \, s = 1 \, VAs = 1 \, Ws = 1 \, J$$

und:

$$h = \frac{E}{m \cdot g} = \frac{1 \, J}{1 \, kg \cdot 9{,}81 \, m/s^2} \approx \frac{1 \, kg \cdot m^2/s^2}{10 \, kg \cdot m/s^2} = 0{,}1 \, m = 10 \, cm$$

Thema II.10 Was ist eigentlich eine PV-Anlage?

Ohne Photovoltaik geht gerade gar nichts. Vor allem keine Energiewende. Warum eigentlich und was genau ist PV?

Das Licht der Sonne trägt Energie. Pflanzen können mithilfe ihrer Blätter diese Energie nutzen. Tiere und Menschen können das nicht. Menschen haben aber immerhin Physik und Technik, mit der das geht. Mit der Photovoltaik (PV) kann Sonnenenergie (auch Solarenergie genannt) ganz ohne CO_2-Emissionen in elektrischen Strom umgewandelt werden. Eigentlich müsste das eher Photostrom (PS) heißen, aber wer weiß, was sich so mancher unter „PS-Anlage" vorstellen würde.

Wesentlicher Bestandteil einer PV-Anlage sind die großen grau-schwarzen Platten auf den Dächern. Auf ein typisches Dach passen vielleicht 7 oder 8, manchmal aber auch 15 oder mehr solcher PV-Module. Ein Modul besteht aus einigen duzend Solarzellen. Das sind elektronische Halbleiterelemente, in denen die Energie der Lichtteilchen (physikalisch: „Photonen") auf Stromteilchen (physikalisch: „Elektronen") übertragen wird, also die eigentliche Photovoltaik stattfindet.

Die Hauptkenngröße eines PV-Moduls ist die „Leistung" mit der Einheit Watt (W). Typische Werte bewegen sich im Bereich von 400 W. Häufig ist noch ein kleines „p" angehängt (Wp), was „peak" bedeutet und grob gesagt die Maximalleistung angibt.

Leistung ist etwas Schönes in der Physik. Einerseits gibt sie sehr einfach die Energie pro Zeit an. Wenn ein Modul Ihrer PV-Anlage z. B. 4 kWh Energie in 10 Stunden (h) liefert, hat es eine Leistung von 400 W (4 kWh durch 10 h). Andererseits ist Leistung das Produkt aus Strom (Einheit: Ampere A) und Spannung (Einheit: Volt V und W = A·V). Das ist praktisch, denn die Sonneneinstrahlung bestimmt ja, wie viel Strom erzeugt werden kann (deswegen ja auch „Photostrom"). Angenommen, Ihr PV-Modul liefert bei einer bestimmten Ausrichtung, Sonnenstand, Wetter usw. gerade 13 A Strom. Wenn man daraus möglichst viel Leistung machen will, muss man eine möglichst hohe Spannung wählen. Das funktioniert gut bis zu einer bestimmten maximalen Spannung („Maximum Power Point" – MPP), die man in der Praxis für den Betrieb des Moduls ansteuert. In unserem Beispiel würde eine Spannung von etwa 30 V gerade die Maximalleistung von knapp 400 W erbringen (13 A · 30 V = 390 W). Bei geringerer Sonneneinstrahlung würde vielleicht nur ein Strom von 10 A fließen und das Modul würde eine Leistung von 300 W bringen.

Was macht eigentlich ein Wechselrichter in einer PV-Anlage? Unser normales Hausnetz benutzt Wechselstrom (AC), während eine PV-Anlage Gleichstrom (DC) erzeugt (s. Thema II.3: „AC/DC"). Um den PV-Strom an das Hausnetz anzugleichen, muss also der PV-Gleichstrom in 230-V-Wechselstrom umgewandelt werden. Das macht der Wechselrichter. Außerdem steuert und überwacht er die gesamte Anlage, z. B. sorgt er auch dafür, dass die Module stets mit der MPP-Spannung betrieben werden.

Solarwechselstrom könnte im Prinzip vom häuslichen Stromanschluss direkt zurück in das Stromnetz geleitet werden. Bei einem klassischen Stromzähler würde sich dann die Zählscheibe einfach rückwärts drehen. Dummerweise hat der Strom hinein in das Hausnetz einen anderen Preis als aus ihm heraus. Daher müssen der eingehende und der ausgehende Strom getrennt gezählt werden. Und dafür brauchen wir einen digitalen Zähler – möglichst mit WLAN, einer App und einer schönen Auswertestatistik!

Zum Nachrechnen

Die Leistung P mit der Einheit Watt (W) kann als Energie E mit der Einheit Joule (J) durch Zeit t mit der Einheit Sekunde (s) angeben werden:

$$P = \frac{E}{t} \quad \text{mit den Einheiten:} \quad W = \frac{J}{s} = \frac{Ws}{s} = W$$

und

$$J = Ws = \frac{Wh}{3600} = 2,8 \cdot 10^{-4}\,Wh = 2,8 \cdot 10^{-7}\,kWh$$

Wenn beispielsweise ein PV-Modul in 10 Stunden eine Energie von 4 kWh liefert, dann entspricht das einer PV-Leistung von 0,4 kW:

$$P = \frac{4\,kWh}{10\,h} = 0,4\,kW = 400\,W$$

Die *elektrische* Leistung P ist aber auch Spannung U mit der Einheit Volt (V) mal Strom I mit der Einheit Ampere (A):

$$P = U \cdot I \quad \text{mit den Einheiten} \quad W = V \cdot A$$

Wenn bei einer bestimmten Wetterlage die PV-Anlage einen Strom von 13 A liefert und die Steuerungs-elektronik eine MPP von 30 V einstellt, dann ergibt sich eine nutzbare Leistung von:

$$P = 30\,\text{V} \cdot 13\,\text{A} = 390\,\text{W}$$

Thema II.11 Kann man Wärme pumpen?

Jeder will gerade eine Wärmepumpe haben. Und Wärmepumpen sollen wesentlicher Teil der Energiewende sein. Aber was ist eigentlich so toll an Wärmepumpen?

Es ist Alltagserfahrung (und damit auch Alltagsphysik), dass Wärme von alleine immer nur von „warm" nach „kalt" geht und nicht umgekehrt. Wenn Sie nicht ständig heizen, also ständig Wärmeenergie nachliefern, kühlt Ihre Bude nach und nach aus – die Wärme verschwindet ins Kalte nach draußen.

Aber auch kalte Gegenstände, z. B. kalte Luft, enthalten Wärmeenergie. Man könnte also im Prinzip der kalten Luft Wärme entziehen, sie also damit noch kälter machen, und diese Wärme in die Wohnung transportieren und diese dann damit heizen. Das geht tatsächlich. Aber eben nicht von alleine. Man muss diese Wärme irgendwie ins Haus pumpen – mit einer Wärmepumpe.

In einer (Luft-)Wärmepumpe wird durch einen Motor, betrieben (manchmal) mit Benzin oder (meistens) mit Strom, ein flüssiges Kältemittel (z. B. Propan) in einem geschlossenen Kreislauf in ständigem Umlauf gehalten. An einer Stelle dieses Kreislaufs befindet sich eine Drossel, an der sich das Kältemittel schlagartig ausdehnt und dabei zu sehr kaltem Gas wird. Dieses kalte Gas nimmt dann über einen Wärmetauscher Wärme aus der angesaugten Umgebungsluft auf und strömt anschließend an einer anderen Stelle des Kreislaufs durch einen Verdichter, wo es zusammengedrückt und wieder flüssig und dabei noch wärmer wird. Diese Wärme wird in einem weiteren Wärmetauscher an den Heizungskreislauf übertragen, der dann zum Haus führt und dort die Wärme zum Heizen abgeben kann.

Eigentlich funktioniert eine solche Wärmepumpe genauso wie ein Kühlschrank. Im Kühlschrank wird dem ohnehin schon kalten Innenraum Wärme entzogen und außerhalb des Kühlschranks in der Küche wieder abgegeben. Dadurch wird das Kühlschrankinnere noch kälter, was ja Sinn und Zweck eines solchen Geräts ist, und die Küche wird wärmer, was Sie aber meistens gar nicht merken. Ein Kühlschrank hat ja auch viel weniger Leistung als eine Wärmepumpe.

Um eine Wärmepumpe (ebenso wie einen Kühlschrank) in Gang zu halten, braucht man Energie. Sagen wir, die Wärmepumpe hat eine Leistung von 2 Kilowatt (kW). Das kostet etwa 0,6 € pro Stunde (Elektrokosten: 0,3 € pro Kilowattstunde, kWh). Diese 2 kW könnten wir auch direkt zum Heizen benutzen, z. B. mittels eines elektrischen Heizkörpers. Der Clou bei einer Wärmepumpe ist jetzt aber, dass wir eine Wärmeenergie erhalten, die sich aus der Energie, die wir bezahlen müssen, plus der Energie, die wir umsonst aus der (kalten) Umgebungsluft erhalten, zusammensetzt. Wenn wir für 2 kW und 1 h Betriebszeit also für 2 kWh bezahlen und 6 kWh umsonst erhalten, dann ergibt das zusammen 8 kWh Wärmeenergie, für die wir aber trotzdem nur 60 Cent statt 2,40 € ausgeben müssen.

Der Anteil, der zeigt, wieviel resultierende Wärmeenergie pro eingesetzter, also bezahlter (elektrischer) Energie nutzbar ist, heißt entweder „Leistungszahl" oder „COP". Je kleiner der Temperaturunterschied zwischen innen (Wohnzimmer) und außen (Umgebungsluft), desto größer wird die Leistungszahl und desto effizienter ist das Wärmepumpen. Im Beispiel oben war die Leistungszahl gleich 4 (8 kWh Wärme für 2 kWh Strom).

Ganz umsonst ist die Wärme mittels Wärmepumpe also nicht, aber immerhin einen Teil bekommt man geschenkt. Geschenkt! Und nicht nur gepumpt.

Zum Nachrechnen

Die Energie E (mit der Einheit J) pro Zeit t (mit der Einheit s) ist die Leistung P (mit der Einheit W), die wiederum als Produkt aus Spannung U (mit der Einheit V) und der Stromstärke I (mit der Einheit A) angegeben werden kann:

$$\frac{E}{t} = P = U \cdot I \quad \text{bzw.} \quad E = P \cdot t = U \cdot I \cdot t$$

Wenn eine Wärmepumpe mit einer Leistung von 2 kW läuft, dann „verbraucht" sie in einer Stunde eine elektrische Energie E_{el} von 2 kWh:

$$E_{el} = 2\,\text{kW} \cdot 1\,\text{h} = 2\,\text{kWh} \quad \text{kostet:} \quad 0,3\,\text{€/kWh} \cdot 2\,\text{kWh} = 0,6\,\text{€}$$

Die Gesamt-Wärmeenergie E_W, die die Wärmepumpe liefert, setzt sich aus der eingesetzten elektrischen Energie E_{el} und der Wärme, die der Luft entzogen wird E_L, zusammen:

$$E_W = E_{el} + E_L \quad \text{kostet:} \quad 8\,\text{kWh} = 2\,\text{kWh} + 6\,\text{kWh} \quad \Rightarrow 0,6\,\text{€} + 0\,\text{€} = 0,6\,\text{€}$$

$$\text{Leistungszahl:} \quad \text{COP} = \frac{E_W}{E_{el}} = \frac{E_{el} + E_L}{E_{el}} \quad \text{z. B.:} \quad \text{COP} = \frac{8\,\text{kWh}}{2\,\text{kWh}} = 4$$

Thema II.12 Eisberge im Aperol

An einem lauen Sommerabend bringt ein randvoll gefülltes Aperol-Glas mit viel Eis die Gedanken über das Schmelzen zum Überlaufen.

An diesem Abend sitzt meine Freundin Ruth-Annegret in unserem Grünberger Biergarten vor ihrem Glas mit kühlem fruchtig-frischen Aperol Spritz. Dunja, unsere Wirtin, hat es gut gemeint und das Glas randvoll gefüllt. Die Eiswürfel ragen weit über den Glasrand hinaus und jeder zusätzliche Tropfen Prosecco würde das Glas zum Überlaufen bringen. „Da musst du aber schnell trinken", sage ich. „Wenn das Eis schmilzt, läuft der Aperol über!". Ruth-Annegret schaut mich überrascht an. „Nein, das tut er nicht. Selbst dann nicht, wenn ich warte, bis sämtliches Eis geschmolzen ist. Der Aperol-Spiegel bleibt beim Schmelzen völlig unverändert." Nicht unverändert bleibt dagegen mein Alkoholspiegel. „Das kann doch nicht sein: Das Eis ragt über den Glasrand hinaus. Wenn es schmilzt, nimmt doch die gesamte Flüssigkeitsmenge zu. Dann muss der Flüssigkeitsspiegel doch steigen."

Dass das nicht stimmt, wusste schon Archimedes vor gut 2300 Jahren. Allerdings sind Historiker sich nicht ganz sicher, ob er seine damaligen Überlegungen Aperol-basiert durchführte. Er fragte sich jedenfalls, warum und unter welchen Bedingungen ein Gegenstand überhaupt schwimmt. Er fand heraus, dass ein Gegenstand schwimmt, wenn die Kraft, die ihn nach oben drückt, genauso groß ist wie sein Gewicht. Die nach oben gerichtete Kraft nennt man Auftrieb. Wenn ein Gegenstand schwimmt, nimmt er ja einen Teil des Platzes ein, wo vorher Wasser war: er „verdrängt" also das Wasser. Das Gewicht des von ihm verdrängten Wassers ist genauso groß wie der Auftrieb, also genauso groß wie sein eigenes Gewicht.

Wenn Dunja Eis in den Aperol gibt, dann steigt zunächst der Aperol-Spiegel, denn das Eis schwimmt und verdrängt damit die Aperol-Flüssigkeit. Erst dann füllt sie das Glas randvoll mit Prosecco. Da das Eis aus dem Aperol herausragt, ist das gesamte Eis-volumen größer als nur der Teil, der die Flüssigkeit verdrängt. Beides, die verdrängte Flüssigkeit und das gesamte Eis, haben zwar das gleiche Gewicht aber unterschiedli-ches Volumen. Man sagt, die „Dichte" von Eis ist kleiner als die von Wasser (denn jedes Getränk besteht zum großen Teil aus Wasser).

Jetzt aber das Entscheidende: Wenn das Eis schmilzt, dann nimmt das „Schmelz-wasser" weniger Volumen ein als vorher, als es noch Eis war. Dieses „fehlende" Volumen wird aber genau durch den Anteil des Eises ausgeglichen, der vorher über die Flüssig-keitsoberfläche hinausgeragt hatte. Beim Schmelzen wird also der „Eisberg über Was-ser" immer kleiner, der Wasserspiegel bleibt dabei aber immer auf der exakt gleichen Höhe (Bild II.3).

„Da siehst du", lächelt mich Ruth-Annegret zufrieden an, „mein schöner Aperol Spritz wird nicht überlaufen, auch wenn das Eis schmilzt!"

Der Sommerabend mit Ruth-Annegret ist viel zu schön, um noch weiter nachzuden-ken: Der durch den Klimawandel verursachte dramatische Anstieg des globalen Meeres-spiegels ist bedingt durch das Abschmelzen des Eises über Land, das Abschmelzen der weltweiten Gletscher und der Ausdehnung des Ozeanwassers bei steigenden Tempera-turen. Er wird aber nicht verursacht durch das Abschmelzen vom schwimmenden Eis der Eisberge.

Zum Nachrechnen

Die Gesamtmasse m_E des Eiswürfels ist als Eis natürlich genauso groß wie als Wasser m_W, wenn er ge-schmolzen ist:

$$m_E = m_W$$

Wenn man das Volumen des Eiswürfels, das in die Aperol-Flüssigkeit eintaucht als V_U bezeichnet, dann ist V_U auch der Teil, der die Flüssigkeit „verdrängt". Die Masse der verdrängten Flüssigkeit ist dann m_U:

$$m_U = \rho_W \cdot V_U = m_E = \rho_E \cdot V_E$$

Die Masse des verdrängten Aperols m_U ist genauso groß wie die Masse m_E des gesamten Eiswürfels mit dem Volumen V_E („Auftrieb"). Die Aperol-Flüssigkeit hat dabei eine größere Dichte ρ_W als das Eis ρ_E. Das „eingetauchte" Volumen V_U des Eiswürfels vor dem Schmelzen ist also genauso groß wie das Gesamtvolumen V_W des geschmolzenen Eiswürfels:

$$V_U = \frac{m_E}{\rho_W} = \frac{m_W}{\rho_W} = V_W$$

Das bedeutet, dass das Gesamtvolumen und damit auch der Flüssigkeitsspiegel stets unverändert bleibt, unabhängig davon, wieviel Eis geschmolzen ist (Bild II.3).

Bild II.3: In einem randvoll mit Aperol gefüllten Glas schwimmt ein Eiswürfel (links). Das über dem Flüssigkeitsspiegel befindliche Eisvolumen V_O ragt auch über den Rand des Glases hinaus. Das „eingetauchte" Eisvolumen ist V_U. Wenn das Eis geschmolzen ist (rechts), vermischt sich sein Gesamtvolumen mit dem Aperol. Das Volumen des gesamten geschmolzenen Eises ist genauso groß wie das Volumen des vom Eis verdrängten Wassers V_U. Daher bleibt der Flüssigkeitsspiegel stets unverändert.

Thema II.13 Die Milch im Kaffee

Wann sollte man kalte Milch in den heißen Kaffee tun, wenn man ihn so heiß wie möglich trinken will?

Ach, herrlich! Meine Freundin Annetraud und ich sitzen mal wieder draußen vor dem Café auf dem Grünberger[1] Marktplatz. Annetraud hockt vor einem Espresso. Bei mir hingegen steht eine schöne große Tasse Kaffee und ein Kännchen Milch. Der Duft von frischem, heißem Kaffee steigt mir in die Nase und ich spüre seine wohlige Wärme. Es ist noch recht frisch heute Morgen hier draußen.

Ich mag gern einen ordentlichen Schuss Milch im Kaffee, gerade so, dass es noch kein echter Milchkaffee ist. Gerade will ich die Milch aus dem Kännchen in meinen Kaf-

---

1 Grünberg ist eine kleine idyllische Fachwerkstadt in Mittelhessen etwa 20 km östlich von Gießen.

fee gießen, da stoppt mich Annetraud. „Du willst doch, dass dein Kaffee so lange wie möglich schön heiß bleibt. Wenn du jetzt die kalte Milch in den heißen Kaffee kippst, dann wird er dadurch doch wohl merklich kühler, oder? Also lieber erst die Milch hinein kurz bevor du ihn wirklich trinkst!" Normalerweise gehorche ich Annetraud aufs Wort. Aber mir kommen Bedenken. „Wenn der Kaffee sehr heiß ist, so wie jetzt, dann kühlt er doch sehr schnell ab. Wenn ich also *jetzt* die Milch hineingebe, dann ist er nicht mehr so heiß, und kühlt daher auch weniger schnell ab. Also muss ich *jetzt* die Milch hinzugeben." Wie jetzt also. Wann soll man die Milch in den Kaffee kippen: lieber sofort, sobald er serviert wird, oder erst später, kurz bevor man ihn trinken will?

Das sogenannte „Abkühlungsgesetz" besagt Folgendes: Ein heißes Objekt gleicht sich mit der Zeit seiner Umgebungstemperatur immer mehr an. Dies tut er in gleichen Zeitabschnitten immer um den gleichen Anteil, also z. B. alle 5 Minuten um 50 %. Sagen wir also, mein Kaffee kühlt sich von 80 °C Anfangstemperatur auf 20 °C Umgebungstemperatur ab (Differenz: 60 °C). Nach 5 Minuten hat er sich um 30 °C abgekühlt (50 % von 60 °C). Nach weiteren 5 Minuten hat er sich um weitere 15 °C (50 % von 30 °C) abgekühlt, wieder 5 Minuten später noch mal um 7,5 °C (50 % von 15 °C) usw. (Bild II.4). Für die Halbierung der Differenztemperatur braucht er immer die gleiche Abkühlungszeit. Nach 30 Minuten hätte mein Kaffee dann fast die Umgebungstemperatur angenommen (wenn ich ihn nicht schon längst vorher getrunken hätte). Soweit noch klar?

Wenn ich kalte Milch in den Kaffee kippe, dann mischen sich die Temperaturen. Bei meiner Menge Milch sinkt die Temperatur des Kaffee-Milch-Gemischs immer um 20 %, egal, zu welchem Zeitpunkt ich die Milch hinzufüge. Da das Abkühlen ebenfalls immer zu gleichen Anteilen in gleichen Zeitabschnitten erfolgt, bleibt dieser Anteil auch während des Abkühlens stets konstant.

„Wenn du mal einen Taschenrechner zur Hand hast und nichts Besseres zu tun, dann rechne mal das Beispiel von eben durch: Milch *sofort* zugeben: 80 °C minus 12 °C (entspricht 20 % der Temperaturdifferenz) gleich 68 °C, dann 5 Minuten warten, ergibt 50 % Temperaturabnahme auf 44 °C. Milch *erst nach 5 Minuten* zugeben: 50 °C minus 6 °C (entspricht 20 % der Temperaturdifferenz) ergibt ebenfalls 44 °C."

„Ja, wie jetzt." Annetraud ist noch ganz benommen von den vielen Celsiusen. „Wann ist nun der beste Zeitpunkt für die Milch?" – „Man kann die Milch hinzugeben, wann man will: es ergibt sich am Schluss zu jedem beliebigen Zeitpunkt immer die gleiche Mischtemperatur." Tja, manchmal ist es im Leben egal, wann man die Dinge tut. Hauptsache, man tut sie.

Zum Nachrechnen

Anfangstemperatur des Kaffees: **80 °C**

Endtemperatur = Umgebungstemperatur: **20 °C**

Temperaturdifferenz: **60 °C**

Milch **sofort**:   20 % von 60 °C (Temperaturdifferenz): 12 °C

Temperatur des Gemischs: 80 °C–12 °C = 68 °C.

Differenz: 68 °C–20 °C = 48 °C

Nach 5 min. 50 % der Differenz: 24 °C

Temperatur nach 5 min.: 68 °C–24 °C = **44 °C**

Milch **nach 5 min.**:   50 % der Temperaturdifferenz des Kaffees (ohne Milch): 30 °C

Temperatur des Kaffees (ohne Milch): 80 °C–30 °C = 50 °C

Milch hinzu: 20 % von 30 °C: 6 °C

Temperatur des Gemischs: 50 °C–6 °C = **44 °C**

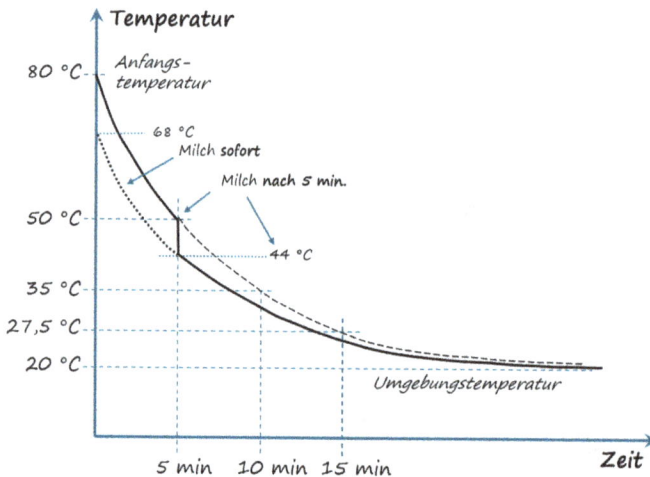

Bild II.4: Abkühlkurve von Kaffee mit und ohne Zugabe von Milch. Gezeigt ist die zeitliche Veränderung der Temperatur. Die Anfangstemperatur des Kaffees beträgt 80 °C, und die Umgebungstemperatur liegt bei 20 °C. Die durchgezogene Linie zeigt den Temperaturverlauf, wenn die Milch nach 5 Minuten hinzugegeben wird. Die gepunktete Kurve gibt die Abkühlung des Kaffees an, wenn die Milch sofort (bei 0 Minuten) in den Kaffee gegeben wird. Nach Zugabe der Milch haben beide Kurven den gleichen Verlauf, unabhängig vom Zeitpunkt der Zugabe.

Thema II.14 Eisblumen im Advent

Eisblumen am Fenster zu Weihnachten sind romantisch. Gemütlich ist es dabei aber nicht immer.

Eisblumen wachsen im Winter, sie sind wunderschön und jede einzelne ist einzigartig. Obwohl sie als Inbegriff der Adventsgemütlichkeit gelten, sind Eisblumen vom Aussterben bedroht. Warum eigentlich?

Unsere Umgebungsluft – auch die kalte Luft im Winter – enthält einen gewissen Anteil an gasförmigem Wasser. Je kälter die Luft ist, desto weniger davon kann sie aufnehmen. Wenn Luft bei einer bestimmten Temperatur die maximal mögliche Menge enthält, spricht man von 100 % Luftfeuchtigkeit. Wenn „feuchte" Luft knapp unterhalb von 100 % auf einen kälteren Gegenstand trifft, sinkt ihre Temperatur ab und das Wasser in der Luft kann sich nicht mehr gasförmig halten – es wird flüssig. Dann bilden sich an der Oberfläche des kalten Gegenstands kleine Wassertröpfchen. Man spricht dann von „Kondensation". Genau das passiert, wenn Sie als Brillenträgerin aus dem Kalten in eine warme Wohnung kommen oder als Sie in Corona-Zeiten mit Ihrer Mundschutzmaske auf die Bahn warteten: Ihre Brille „beschlägt". Der warme Atem enthält viel gasförmiges Wasser. Wenn die Atemluft auf die Brillengläser trifft, kühlt sie sich ab, gasförmiges Wasser wird flüssig und es bilden sich winzig kleine Tröpfchen auf den Gläsern.

Auch bei einfachen Fensterscheiben kann das bei entsprechender Wetterlage geschehen. Bei zweifach Verglasungen kommt ein „Beschlagen" der Scheiben viel seltener vor. Die Außenscheibe ist gegenüber der Innenscheibe isoliert, d. h. die warme Rauminnenluft kann die Außenscheibe nicht aufwärmen, sie bleibt kalt. Also wird die Außenluft nicht abgekühlt, wenn sie auf die Scheibe trifft, es findet keine Kondensation statt und die Scheibe beschlägt nicht.

Wenn sich bei einfach verglasten Fensterscheiben Tröpfchen bilden und es draußen noch kälter wird, gefriert das Wasser und es bildet sich Eis. Aus den winzig kleinen Tröpfchen bei beschlagenen Fensterscheiben werden wunderschön bizarre Eisblumen. Ein Wunder der Natur!

Wasser besteht aus Molekülen. Ein Wassermolekül sieht aus wie ein Bumerang mit je einem Wasserstoffatom an den Enden und einem Sauerstoffatom in der Mitte. Im flüssigen Zustand kann sich das Molekül frei bewegen. Wenn die Temperatur den Gefrierpunkt erreicht, lagern sich die Moleküle aneinander an und bilden feste Bindungen. Aufgrund ihrer Bumerangform bilden sich gegenseitige Anlagerungen im 60°- oder 120°-Winkel und daraus wiederum eine unvorstellbare Vielfalt von verschiedenen Sechseckformen und 6-armigen Sternen. Ein Sechseck hat an jeder Ecke einen 120°-Winkel und ein sechsarmiger Stern mit seinen Ästen hat zwischen den Verzweigungen jeweils einen 60°-Winkel. Ein anfängliches Bumerangmolekül verbindet sich mit seinen Nachbarn und diese dann mit jeweils ihren Nachbarn und immer so fort. Auf diese Weise wächst auf der Fensterscheibe eine Blume aus Eis. Immer mit 60°- oder 120°-Winkeln, immer wieder neu und immer wieder anders. Eisblumen sind nie ganz gleich.

Und warum sterben sie aus? Eisblumen wachsen fast nur auf Einfachfenstern. Weil wir aber immer mehr zweifach und dreifach Verglasungen haben, fehlt Eisblumen ihre Existenzgrundlage. Einerseits waren Eisblumen in ihrer anmutenden Ästhetik seit jeher ein unverzichtbarer Bestandteil der Weihnachtsromantik. Andersseits ist ihr Verschwinden aber auch Folge des energetischen Fortschritts – und der sorgt in unseren weihnachtlichen Wohnungen für wohlige Wärme, leider ohne Eisblumen!

Thema II.15 Warum klingt eigentlich jedes Instrument anders?

Das menschliche Gehör ist unglaublich leistungsfähig. Wir können nicht nur eine enorme Bandbreite verschiedener Lautstärken unterscheiden (vgl. Thema I.3), sondern auch die Art der Schallquellen. Wir erkennen haargenau die unterschiedlichen Instrumente, selbst wenn sie alle den gleichen Ton spielen.

Mein Freund Karl-Gerd ist ein hervorragender Musiker. Ich frage ihn: „Wenn du einen bestimmten Ton auf einem Instrument spielst, warum klingt der gleiche Ton auf einem anderen Instrument ganz anders?" Karl-Gerd, superklar: „Weil ein Ton nicht einfach nur ein Ton ist, sondern sich aus vielen Einzeltönen zusammensetzt!" Ich: „??" Er hat Mitleid mit meiner Ahnungslosigkeit und erklärt: „Töne sind sehr kleine und sehr schnelle Änderungen des Luftdrucks. Wenn ich ein tiefes A auf dem Klavier spiele, dann ändert sich der Luftdruck 110-mal in der Sekunde. Man sagt, das tiefe A hat eine Frequenz von 110 Hertz." Ich bin ziemlich schnell im Denken. Daher mein Einspruch: „Aber ein tiefes A auf dem Waldhorn sind auch 110 Hertz. Das muss für mein Ohr doch genau dasselbe sein." Jetzt kommt's. Karl-Gerd macht Akustik: „Ein tiefes A ist nicht nur einfach 110 Hertz, sondern es gibt sogenannte Obertöne, das sind beim tiefen A: 220 Hertz, 330 Hertz, 440 Hertz usw. Die Lautstärke jedes einzelnen dieser Obertöne im Vergleich zum sogenannten Grundton (tiefes A: 110 Hertz) ist unterschiedlich und bei jedem Instrument anders."

Ich beginne durchzublicken. Anscheinend ist der Klang eines Tons die Zusammensetzung eines Grundtons mit all seinen Obertönen und die Stärke der einzelnen Obertöne ist für jedes Instrument charakteristisch (Bild II.5). Um sicherzugehen, frage ich nach: „Du spielst auf dem Klavier und auf dem Waldhorn einen Grundton, z. B. 110 Hertz mit gleicher Lautstärke. Das Klavier hat dann vielleicht doppelt so große Lautstärke bei 220 Hertz und halb so große Lautstärke bei 330 Hertz. Und beim Waldhorn genau umgekehrt. So in etwa?" – „Ja." Karl-Gerd wundert sich über meine enorme Auffassungsgabe.

Ich habe da aber noch ein Problem. „Wenn du den berühmten Kammerton a spielst, dann sind das 440 Hertz. Das habe ich mal so gelernt. 440 Hertz ist aber auch einer der Obertöne des tiefen A. Ich höre doch einen Unterschied zwischen dem tiefen A und dem Kammerton a. Das müsste doch auf dem gleichen Instrument auch der gleiche Ton sein, oder?" Karl-Gerd weiß es besser: „Nein. Wenn ich den Kammerton a spiele, dann ist das der Grundton. Die Obertöne davon sind immer ein Vielfaches des Grundtons, also hier 880 Hertz, 1.320 Hertz usw. Beim tiefen A sind die Obertöne anders. Beispielsweise sind 660 Hertz, 770 Hertz und 880 Hertz alles Obertöne vom tiefen A, aber nur 880 Hertz (das Doppelte des Grundtons) ist auch ein Oberton vom Kammerton a. Diesen Unterschied nimmt man als unterschiedlichen Ton wahr."

Übrigens: Unser Gehör erkennt ein Instrument oder eine menschliche Stimme nur an seinen Obertönen. Durch ein altes, knarzendes Telefon wird ein Klavierton mit 110 Hertz als solcher erkannt, obwohl das Telefon diese Frequenz gar nicht übertragen kann. Wir hören durch das Telefon 550 Hertz, 440 Hertz und 330 Hertz. Unser Gehirn

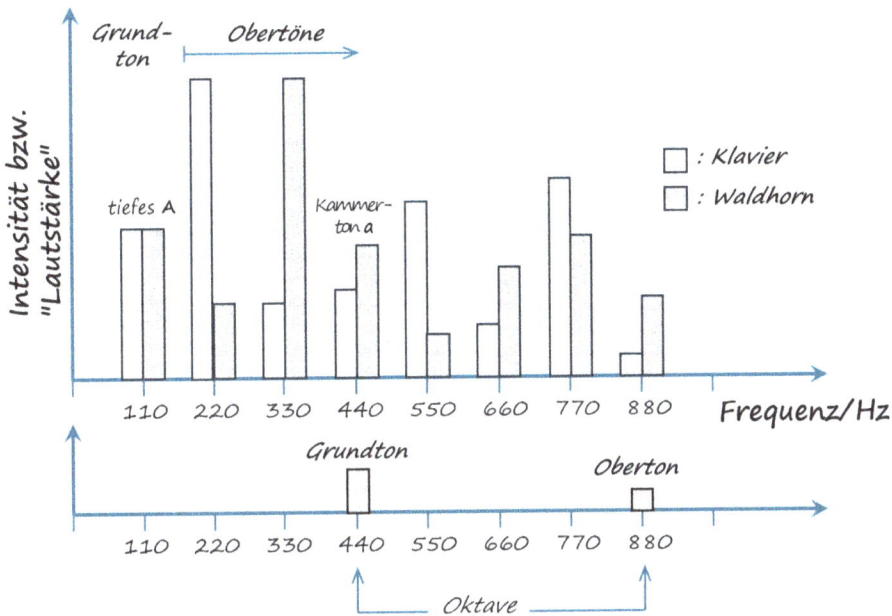

Bild II.5: Frequenzverteilung von Grundton und Obertönen für ein tiefes *A* (oben), jeweils gespielt von einem Klavier und einem Waldhorn (symbolisch). Unten ist der Kammerton *a* mit Grundton und 1. Oberton gezeigt.

denkt sich 220 Hertz und vor allem 110 Hertz dazu, ohne diese Töne wirklich gehört zu haben. Unser Gehirn ist doch ein ziemlich geniales Organ, nicht wahr?

Fast gebe ich mich mit dieser Lehrstunde zufrieden, da schiebt Karl-Gerd noch einen nach. „Du weißt doch", sagt er, „was eine Tonleiter ist, oder?" Na, hör (!) mal. c-d-e-f-g-a-h-c, das lernt man doch in der Schule. „Wenn ich das *a* mit dem Grundton 440 Hertz spiele und dann einen Ton mit dem Grundton 880 Hertz, dann habe ich eine Oktave. Ein Ton mit dem Grundton 1.760 Hertz ist wieder eine Oktave. Eine Verdopplung der Frequenz ist in der Akustik immer eine Oktave. Bei diesem Beispiel ist es immer ein *A*. Manchmal großgeschrieben bei tiefen Tönen und kleingeschrieben bei hohen Tönen. Wenn man zwei Töne einer Oktave spielt, dann klingen sie sehr ähnlich, weil sie viel gemeinsame Obertöne haben. Man spricht häufig auch von einem Einklang." – „Und warum Oktave? In dem Wort steckt doch irgendwie lateinisch 8." Hui, er kann Latein, denkt sich Karl-Gerd. „Zähl mal die Töne in der Tonleiter, das sind genau 8."

Aha, klar doch. „Dann spiel doch mal was Schönes mit *a* und *A*, mit Oktave, Einklang und mit schön viel Obertönen!" Karl-Gerd: „??"

Thema II.16 Warum fällt ein Brot immer auf die Wurstseite?

Für manche ist es einfach Pech, andere halten es für Statistik. Dabei ist es nur eine Frage der Physik.

Nach einer herrlichen Etappe unserer Wanderung auf dem neuen Glücksweg rund um Grünberg[2] machen wir Rast mit weitem Panorama auf die Stadt. Mein Freund Ernst-Armin legt mir eine deftige Scheibe Brot dick belegt mit aale Worscht auf den Tisch. Ich ziehe das Brot bis zur Tischkante zu mir heran, greife ungeschickt zu und das Brot liegt auf dem Erdboden – mit der Wurstschicht nach unten auf dem Sand mit Ameisen und Fichtennadeln. „So'n Pech aber auch", entfährt es mir. „Nein", entgegnet Ernst-Armin, „das ist einfach nur Physik!"

Wenn der Schwerpunkt des Brots über die Tischkante rutscht, fällt das Brot nicht einfach nur platt und gerade nach unten, sondern es vollführt auch noch eine Drehbewegung um sich selbst. Für eine vollständige Drehung benötigt das herabfallende Brot etwa eine Sekunde. Unser Tisch ist etwa 90 cm hoch. Aus dieser Höhe braucht das Brot weniger als eine halbe Sekunde, um herabzufallen. In dieser Fallzeit kann es also nur knapp eine halbe Drehung vollziehen, sodass die Wurstoberseite sich gerade nach unten gedreht hat, wenn das Brot den Boden erreicht.

Ernst-Armin: „Du kannst das ruhig 100-mal ausprobieren und feststellen, dass das Brot fast immer mit der Wurstseite nach unten landet." Meine Experimentierlust ist allerdings nicht besonders ausgeprägt. „Kann ich dieses missliche Ergebnis nicht irgendwie abändern?", will ich stattdessen wissen. „Ja, das geht – abgesehen davon, dass du dich etwas geschickter anstellen solltest."

Die Drehgeschwindigkeit des Brots hängt von seiner Größe und seiner Form ab. Wenn man ein kleineres Brot oder nur ein Brotstückchen hat, dreht dies sich beim Herabfallen schneller. Mit einem „Brotdurchmesser" von etwa 3 cm kann es in der Fallzeit von einer halben Sekunde eine vollständige Umdrehung machen. Dann landet es mit der *Unter*seite auf dem Boden und das Malheur ist nicht ganz so groß.

Auch die Form spielt eine Rolle. Wenn ein längliches Brötchen oder ein Baguette mit seiner Längsachse (quasi die „Brötchenachse") über die Tischkante gezogen wird, wird es sich beim Herabfallen langsamer drehen, als wenn es mit der Querachse (also die Brötchenachse parallel zur Tischkante) über den Tisch geht. „Aha", lautet meine Erkenntnis. „Wenn ich die Wurstseiten-Katastrophe vermeiden will, muss ich entweder mein Brot in kleine Stücke schneiden, oder ich muss mein Langbrötchen parallel zur Tischkante zu mir heranziehen. In beiden Fällen würde sich bei einem Unglücks-Fall eine *vollständige* Umdrehung ergeben und die Wurstseite würde nach oben weisen". „Richtig!", pflichtet mir Ernst-Armin bei. „Wenn Du aber unbedingt meine originale Brotscheibe unverändert behalten willst, dann gibt es noch eine andere Möglichkeit, um eine Wurst-Katastrophe zu vermeiden." Ich: „?" Ernst-Armin: „Du musst dir einen Tisch

---

2 Grünberg ist eine kleine idyllische Fachwerkstadt in Mittelhessen.

mit einer Höhe von fast 5 Meter suchen. Dann hat auch die Original-Brotscheibe genug Fallzeit für eine vollständige Umdrehung!" Mein Blick fällt auf einen nahen Hochsitz. Einen Augenblick lang scheint mir, als sähe ich auf seiner Kante eine deftige Brotscheibe dick belegt mit aale Worscht.

Zum Nachrechnen

Die Zeit t, die ein Gegenstand aus einer bestimmten Fallhöhe h fällt, berechnet sich aus:

$$t = \sqrt{\frac{2 \cdot h}{g}} \quad \text{bzw.} \quad h = \frac{1}{2} \cdot g \cdot t^2$$

Dabei ist g = 9,81 m/s^2 die Erdbeschleunigung. Aus einer Fallhöhe von 90 cm ergibt das:

$$t = \sqrt{\frac{2 \cdot 0{,}9\,\text{m}}{9{,}81\,\text{m/s}^2}} = 0{,}43\,\text{s}$$

Wenn man eine Fallzeit von 1 Sekunde haben will, muss die Fallhöhe sein:

$$h = \frac{1}{2} \cdot g \cdot t^2 = \frac{1}{2} \cdot 9{,}81\,\text{m/s}^2 \cdot (1\,\text{s})^2 \approx 5\,\text{m}$$

Thema II.17 Plato und Oechsle

> Man kann die Qualität von Wein und Bier nicht nur schmecken, riechen und sehen, sondern auch messen.

Mein Freund Bernd-Jürgen ist ein ausgesprochener Weinkenner – ganz im Gegensatz zu mir. Ich kenne mich höchstens mit Bier aus – und da auch mehr mit Quantität als mit Qualität. Wenn Bernd-Jürgen über den Geschmack, den Geruch oder das Aussehen von Wein redet, dann findet er Worte, von denen ich gar nicht wusste, dass es sie überhaupt gibt, geschweige denn, dass sie etwas mit Wein zu tun haben. Darum will ich etwas mehr naturwissenschaftliche Objektivität in seine Weinbeurteilung bringen: „Wie gut ein Wein ist, kann man doch messen. Man gibt das in Oechsle an!" Bernd-Jürgen rollt mit den Augen. Sein Gesicht sieht aus wie nach einem Schluck Lambrusco für 1,66 €. „Mit Oechsle wird doch nur das Mostgewicht bzw. der Zuckergehalt gemessen. Zu einem guten Wein gehört aber weit mehr, du Ignorant!"

1 Liter Wasser wiegt ziemlich genau 1 kg. Man sagt, Wasser hat eine „Dichte" von 1 kg/L. Traubenmost wiegt je nach Zusammensetzung und Zuckergehalt etwas mehr, hat also eine höhere Dichte. Man kann den Unterschied der Dichten mit einem speziellen Messgerät messen, nämlich mit einer sogenannten Senkspindel oder Mostwaage. Man füllt einen Glaszylinder mit dem zu messenden Traubenmost und lässt dahinein eine Senkspindel gleiten. Dies ist nichts weiter als ein spezieller schwimmender Gegenstand mit einer Messskala. Je höher die Dichte des Mosts ist, desto größer ist der „Auftrieb", den die Senkspindel spürt. Bei hoher Dichte, also hohem Zuckergehalt, ist der Auftrieb groß und die Spindel sinkt weniger tief ein. Eine entsprechende Skala zeigt die „Eintauchtie-

fe" an: Bei 0 Grad Oechsle (°Oe) handelt es sich um reines Wasser. Bei 1 °Oe wiegt 1 Liter Most 1 Gramm mehr (also 0,1 %) als 1 Liter Wasser usw. Das kann bis zu 130 °Oe gehen, d. h. die Dichte des Traubenmosts ist dann um 13 % höher als die von Wasser. Gemessen wird bei 20 °C oder es muss auf diese Temperatur korrigiert werden.

„Die Dichte bestimmt also den Auftrieb", fasst Bernd-Jürgen zusammen. „Wenn ich in Wein bade, dann schwimme ich umso besser, je mehr Oechsle er hat." Ich kann leider nicht verhindern, mir diese Szene in allen Einzelheiten vorzustellen. „Wenn ich aber in Alkohol bade", fährt er fort, „dann gehe ich fast unter, denn Alkohol hat eine *geringere* Dichte als Wasser und erst recht geringer als Traubenmost."

Das ist auch der Grund, weshalb man nicht den Wein selbst misst, sondern den Traubenmost noch im Zustand, *bevor* die Gärung zum Alkohol einsetzt. Ein Wein, dessen Zucker vollständig in Alkohol vergärt wurde, kann im Extremfall sogar negative Oechsle haben.

Jetzt trumpfe ich aber mit meinem Wissen auf: „Beim Bier gibt es so etwas auch. Hier ist die Stammwürze das, was die Hefe beim Brauen zu Alkohol vergärt. Also kann man mit einer Senkspindel auch den Stammwürzgehalt der Bierwürze messen. Die „Würze" ist beim Bier das, was beim Wein der Most ist, also *vor* Einsetzen der Gärung. Man skaliert die Senkspindel etwas anders als beim Wein. Der gemessene Stammwürzgehalt beim Bier wird dann in Grad Plato (°P) angegeben. Mein Doppelbock hat mindestens 18 °P!"

Bernd-Jürgen und mir ist das beim Genuss eigentlich egal. Oechsle oder Plato, Hauptsache Philosoph, würde Andy Möller sagen.

Zum Nachrechnen

Wenn ein Gegenstand mit der Masse m_S, hier die „Senkspindel", schwimmt, dann kompensiert der „Auftrieb" genau dessen Gewichtskraft (vgl. Thema II.12). Der Auftrieb ergibt sich aus der Masse m_M der „verdrängten" Flüssigkeit, hier der Most. Das Volumen V_M der verdrängten Flüssigkeit (Most) hängt mit deren Dichte ρ_M zusammen:

$$m_M = V_M \cdot \rho_M = m_S$$

Die Masse m_S der Spindel bleibt dabei natürlich unverändert. Mit wachsendem Zuckergehalt nimmt die Dichte ρ_M des Mosts zu, das Volumen V_M des verdrängten Mosts nimmt ab und die Spindel taucht weniger stark ein.

Thema II.18 Dem Druck standhalten

Wir sind im Alltag ziemlich vielen Arten von Druck ausgesetzt: Luftdruck, Blutdruck, Zeitdruck, Druck von der Chefin, Druck auf die Blase …

Eigentlich ganz einfach: Wenn eine Kraft (Einheit: N wie Newton) auf eine Fläche (Einheit: m²) wirkt, dann herrscht Druck. Und wie immer in der Physik gibt es eine wunderschöne Einheit für Druck, nämlich das „Pascal" (N pro m^2). Dumm nur, dass sich diese praktische Einheit im Alltag kaum durchsetzt.

Fangen wir mal mit dem Luftdruck an. Die Luft über uns wiegt etwas, und sie übt demzufolge eine Gewichtskraft auf den Erdboden aus und auf alles, was sich auf ihm befindet. Auf jedem Quadratmeter lastet die fast unglaubliche Luftmasse von etwa 10.000 kg (also 10 Tonnen), was einer Gewichtskraft von 100.000 N entspricht (s. Thema I.7 und Thema II.1). Verursacht durch diese Luftmasse herrscht also ein Druck von 100.000 Pascal (Pa), abgekürzt 100 kPa. Die meisten von uns kennen das Gleiche aber besser als 1 bar oder 1.000 mbar. Das ist die alte (aber immer noch zulässige) Einheit für den Luftdruck. Wenn im Wetterbericht manchmal Luftdruckwerte genannt werden, dann will die Wetterfrau zwar die offizielle Maßeinheit Pa verwenden, aber die Zahl 1.000 von den mbar trotzdem irgendwie retten (um uns eine Umgewöhnung zu ersparen). Dann sagt sie: „In Frankfurt herrscht heute ein Luftdruck von 1.000 Hektopascal." Hekto heißt Hundert (Sie kennen vermutlich wohl eher „Hektoliter"). 1.000 Hektopascal (hPa) ist also das Gleiche wie 100 kPa.

Leider ist das aber nicht die einzige unschöne Verwirrung in Bezug auf die Einheiten. Da 100 kPa fast dem normalen Luftdruck entspricht, sagt man manchmal auch 1 Atmosphäre (atm) dazu (genau: 0,987 atm). Noch schlimmer: „Atmosphären-Überdruck" (atü). 0,1 atü sind 10 % mehr als der normale Luftdruck. Und noch viel schlimmer: „pound per square inch" (psi)! Die USA sind wahrlich ein Eldorado für Einheitensammler und Umrechnungsliebhaber. Machen Sie mal die Fahrertür Ihres Autos auf und suchen Sie dort die Angaben zum Reifendruck. In acht Sprachen (manchmal sogar auf Deutsch) steht dort „Cold tyre inflation pressure: kPa/bar/psi". Z. B.: 210/2,1/31. Nun wissen Sie zumindest, was das bedeutet.

Luftdruck ist etwas anderes als Druckluft. Anlagen zur Erzeugung von Druckluft liefern durchaus Drücke von einigen Millionen Pascal (Megapascal: MPa).

Es gibt aber noch viel mehr Drücke und Druckeinheiten. Einigen davon begegnen Sie in anderen Themen dieses Buchs. In Thema I.7 ist z. B. vom Beißdruck von Krokodilen (15.000 N pro cm^2) die Rede. Oder über Wasser lesen Sie in Thema IV.13, das bei einer Wassertiefe von 10 m („10 m Wassersäule") einen Wasserdruck von etwa 100.000 N pro m^2 (also 100 kPa) erzeugt, was ziemlich genau dem Luftdruck entspricht. Genauso viel würde eine Quecksilbersäule (Hg) von 760 mm Höhe erzeugen, weshalb dies früher ebenfalls als Maßeinheit für Druck verwendet wurde. In der Medizin wird diese Einheit immer noch verwendet, z. B. bei der Blutdruckmessung (vgl. Thema I.4). Ein systolischer Blutdruck von 120 mmHg bedeutet in anständigen Einheiten nichts anderes als knapp 16 kPa. Den Druck in der Blase messen Medizinerinnen manchmal in cmH$_2$O („Zentimeter Wassersäule"). Das Umrechnen liefert: 10 m sind 1.000 cm, also sind 1 cmH$_2$O etwa 100 Pa. Bei einem Blasendruck von etwa 60 cmH$_2$O müssen Frauen aufs Klo (Männer bei 75 cmH$_2$O). Sie als Leserin würden dies ab jetzt selbstverständlich bei 6 kPa tun (Leser bei 7,5 kPa).

Zum Nachrechnen

Druck P mit der Einheit Pascal (Pa) ist Kraft F mit der Einheit Newton (N) pro Fläche a, auf die die Kraft wirkt:

$$P = \frac{F}{a} \quad \text{mit Einheiten:} \quad Pa = \frac{N}{m^2} = \frac{kg \cdot m/s^2}{m^2} = \frac{kg}{m \cdot s^2} = 10^{-5}\, bar = 0,01\, mbar$$

Die Gewichtskraft F_G ist die durch die Gravitation auf eine Masse m ausgeübte Kraft:

$$F_G = m \cdot g$$

wobei $g = 9,81\, m/s^2$ die durch die Gravitation erzeugte Erdbeschleunigung ist.
Für eine Luftmasse von 10.000 kg bedeutet das:

$$F_G = 10.000\, kg \cdot 9,81\, m/s^2 \approx 100.000\, \frac{kg \cdot m}{s^2} = 100.000\, N$$

$$\text{Luftdruck:} \quad P_L = \frac{100.000\, N}{1\, m^2} = 100.000\, Pa = 100\, kPa = 1.000\, hPa = 1.000\, mbar$$

Die verschiedenen Druckeinheiten lassen sich ineinander umrechnen, z. B. bei Reifendruck:

$$P_R = 210\, kPa = 2,1\, bar = 2100\, mbar = 31\, psi$$

Umrechnen in „Zentimeter Wassersäule" cmH_2O:

$$10\, m\, (= 1.000\, cm)\ \text{Wassersäule:} \quad P = 100.000\, Pa$$

$$1\, cmH_2O: \quad P = \frac{100.000\, Pa}{1.000} = 100\, Pa$$

$$60\, cmH_2O: \quad P = 60 \cdot 100\, Pa = 6\, kPa$$

Thema II.19 Bier lieber mit oder ohne Blume?

> Wenn man als Deutscher in einen englischen Pub kommt, gibt es sofort zwei Gesprächsthemen: Fußball und Bier. Über Fußball will man als Deutscher gerade nicht gerne reden. Also reden wir über Bier.

In England muss man sich zunächst an viele lustige Maßeinheiten gewöhnen. Es gibt z. B. inches und yards für die Längen, gallons und barrels für Volumen, ounces und pounds für Gewichte und jede Menge anderer Einheiten, die ein Kontinentalmensch unmöglich sinnvoll umrechnen kann.

In einem Pub wird Bier in „Pint" bestellt, was wir wohlwollend mal grob als einen halben Liter auffassen wollen. Gewöhnungsbedürftig ist auch, dass das Zapfen („draft beer") eines Pints nur Sekunden dauert und das Pint so gut wie keine Blume oder Krone aus weißem Schaum besitzt. Engländer brauchen so etwas nicht. Für uns sieht es aber eher etwas schal aus. Und Vorsicht: Beim Transport von unseren Pints vom Tresen zum Tisch haben wir schon einen Großteil des wertvollen Gebräus verkleckert, weil der Füllstand eines Pints direkt der Glasrand ist und das Bierglas damit stets randvoll gezapft wird. Andere Länder, andere Sitten!

Ein typisches Biergespräch, das sich dann am Tisch entwickelt, thematisiert die Art und Dauer des Zapfvorgangs und das Fehlen des Schaums. Für einen englischen Biertrinker wäre der Schaum, den wir ja liebevoll „Blume" oder „Krone" nennen, eher lästig – vor allem wenn er am Bart hängen bleibt und man ihn ständig dort abwischen muss.

In englischen Pubs wird das Bier mittels „handgemachtem" Druck gezapft. Der Zapfhebel ist um Einiges länger als in deutschen Kneipen, weil er dem Landlord beim Zapfen als Hebelarm dienen muss, durch den Kraft auf die Bierflüssigkeit ausgeübt wird, um den für den Zapfvorgang nötigen Druck zu erzeugen. Somit ist eine englische Zapfanlage eher eine Pumpanlage.

In deutschen Kneipen wird mittels der Zapfanlage Kohlenstoffdioxid (CO_2) zum Druckaufbau in das Bierfass eingebracht. Von den Brauereien werden die Bierfässer sogar schon mit einem bestimmten inneren Druck geliefert. Wenn der Wirt den Zapfhahn bedient, muss er damit manuell keinen zusätzlichen Druck erzeugen, sondern das Bier gelangt aufgrund des durch das CO_2 erzeugten Drucks aus dem Bierfass in das Bierglas.

Dadurch ist in deutschen Bieren typischerweise viel mehr CO_2 gelöst als in englischen. Weil das zunächst im Bier unter Druck gelöste CO_2 im Glas einem geringeren Druck ausgesetzt ist, wird es gasförmig und perlt langsam aus. Die entstehenden CO_2-Bläschen steigen nach oben und bilden den schönen Schaum. Diese Schaumkrone verhindert ein zu schnelles Freiwerden von CO_2, sodass das Bier länger frisch schmeckt. Ein frisch gezapftes Bier enthält immerhin einige Millionen solcher feinen CO_2-Bläschen. Die niedrigen Temperaturen eines kühlen Biers sind eigentlich hinderlich für guten Schaum. Das könnte wohl der Grund dafür sein, dass Obelix immer lauwarme Cervisia (lat.: Bier) bevorzugte. Doch 2000 Jahre Bierbraukunst ermöglichen uns heute bei geschickter Wahl von Druck, Temperatur, CO_2-Gehalt, Zapftechnik, Beschaffenheit des Bierglases und zahlreicher Brauparameter eine anmutige Bierblume auf einem kühlen frischen Bier.

Für Engländer ist natürlich etwas anderes wichtig. Für Engländerinnen im Fußball erst recht. Aber über Fußball wollten wir ja lieber nicht reden.

Thema II.20 Die Physik vom Ei

> Mit Essen spielt man nicht. Das tun wir auch nicht. Wir betreiben wissenschaftliche Experimente! Mit Eiern.

Selbst ein so alltägliches und vertrautes Objekt wie ein Ei hat viel Physik. Am besten Sie nehmen sich mal eine 6er Packung und planen gleich eine leckere Eierspeise für heute Mittag. Damit nichts umkommt.

Huups, Sie haben ein rohes Ei und eines, von dem Sie gar nicht wissen, ob es roh oder gekocht ist? Macht nichts. Legen Sie das rohe Ei auf den Tisch und bringen Sie es durch eine kräftige Drehbewegung Ihrer Hand wie einen Kreisel in Rotation. Das Ei wird sich nur schwerfällig und langsam drehen. Wenn Sie es durch eine kleine Berührung mit dem Finger kurzzeitig stoppen, wird es sich danach trotzdem noch ein bisschen weiter-drehen. Falls sich Ihr Vergleichsei genauso verhält, ist es natürlich ebenfalls roh. Wenn es sich allerdings viel schneller und auch viel länger dreht und wenn nach einem kur-zen Stopp die Drehbewegung vollständig aufhört, dann handelt es sich um ein gekochtes Ei. Warum? Beim gekochten Ei wird das *gesamte* Ei in Rotation versetzt, die aufgrund der Trägheit über einen längeren Zeitraum aufrechterhalten bleibt. Beim rohen Ei ro-tiert nur *ein Teil* der Eimasse und das auch nur verzögert. Nach einem kurzen Stoppen wirkt die Trägheit der „verzögerten" Masse nach und bewirkt ein erneutes Rotieren. Im Übrigen können Sie den Test auch durchführen, indem Sie die beiden Eier eine schiefe Ebene herunterrollen lassen: Das gekochte Ei (mehr rotierende Masse) wird langsamer herunterrollen als das rohe (weniger rotierende Masse).

Sie wollen einen Kuchen backen? Eigelb und Eiweiß müssen getrennt werden? Ganz einfach: Sie schlagen das Ei auf, ohne das Eigelb zu beschädigen. So wie beim Spiegelei. Dann nehmen Sie eine leere, möglichst dünnwandige Plastikflasche und drücken sie mit der Hand zusammen. Jetzt setzen Sie die Öffnung der Flasche vorsichtig auf das Eigelb, so, dass sie vollständig vom Eigelb abgedeckt ist. Nun lassen Sie die Flasche sich wieder in ihrer ursprünglichen Form ausdehnen. Dann flutscht das Eigelb in die Flasche hinein, und Sie können es anschließend in Ruhe irgendwo auf einen separaten Teller wieder herausdrücken. Warum? In der zusammengedrückten Flasche befindet sich eine bestimmte Menge Luft. Wenn die Flasche in ihre Originalform zurückkehrt, befindet sich diese Luftmenge in einem *größeren* Volumen, ihre Dichte wird demnach *kleiner*. Dichte und Druck hängen voneinander ab (vgl. Thema I.4). Kleinere Dichte bedeutet kleineren Druck. Der kleinere Druck in der Flasche bewirkt einen Unterdruck, der das Eigelb quasi in die Flasche hineinsaugt.

Das Ei des Kolumbus gilt als Beispiel dafür, dass komplizierte Probleme manchmal verblüffend einfache Lösungen haben. Kolumbus erhielt die scheinbar unlösbare Auf-gabe, ein Ei senkrecht auf den Tisch zu stellen. Er nahm das (gekochte) Ei und knallte es einfach mit der Unterseite auf den Tisch, wobei die Eierschale zerbrach, das Ei aber stand. Wir können das viel eleganter und weniger brutal: Streuen Sie einfach ein biss-chen Sand oder Salz auf den Tisch und setzen das Ei (gekocht oder roh) behutsam darauf. Dann pusten Sie vorsichtig an den Auflagepunkt des Eis, damit alle überschüssigen Salz-oder Sandkörner fortfliegen. Das Ei bleibt stehen. Sie werden erstaunt sein, wie wenig Sand oder Salz den senkrechten Stand des Eis ermöglicht.

Und welche Eierspeise machen Sie jetzt? Am besten Eierkuchen. Um dessen Physik werden wir uns auch mal kümmern müssen.

Zum Nachrechnen

Für die „Dichte" ρ eines Stoffes wird seine Masse m in Bezug gesetzt zu seinem Volumen V:

$$\rho = \frac{m}{V} \quad \text{mit den Einheiten:} \quad \text{kg/m}^3 \quad \text{oder:} \quad \text{g/cm}^3$$

Der Druck P mit der Einheit Pascal (Pa) ist die Gewichtskraft F_G mit der Einheit Newton (N) pro Fläche a:

$$F_G = m \cdot g \quad \text{und:} \quad P = \frac{F_G}{a} = \frac{m \cdot g}{a} = \frac{\rho \cdot V \cdot g}{a}$$

dabei ist $g = 9{,}81\ \text{m/s}^2$ die Erdbeschleunigung.
Druck P und Dichte ρ hängen also voneinander ab.

Thema II.21 Warum blubbert und rauscht das Wasser, wenn es kocht?

Hans-Jochen ist seit kurzem Rentner. Bisher beschränkten sich seine Fähigkeiten, sich um seine tägliche Nahrungsversorgung zu kümmern, auf das korrekte Öffnen von Bierflaschen. Seine Ehefrau Anne sieht nun harte Zeiten auf sich zukommen.

Anne, die bisher für Hans-Jochens darüber hinausgehende Verpflegung zuständig war, findet es nun eine gute Idee, ihren Mann langsam und vorsichtig an das selbstständige Zubereiten von Mahlzeiten heranzuführen und ihn hierin entsprechend auszubilden. Sie denkt an einen Einstiegskurs in Nudelkochen. Entgegen ihren Befürchtungen ist Hans-Jochen begeistert: „Nichts leichter als das!", ruft er, ergreift sein Handy und gibt in YouTube „Wie koche ich Nudeln" ein. Auf diese Weise hat er bereits die Betonschalung des Geräteschuppens und den Ausbau des Dachbodens zu einer separaten Wohnung bewältigt. Das kann er.

Anne hält ihn pädagogisch einfühlsam zurück: „Schatz, vielleicht brauchst du das gar nicht. Setze einfach einen Topf Wasser auf, gib etwas Salz hinzu und bringe das Wasser zum Kochen." Hans-Jochen ist damit auf dem besten Wege zum Dreisternekoch. Er steht zusammen mit seiner Frau sinnierend vor dem Herd und schaut zu, wie sich langsam Dampf im Topf bildet. „Woran erkennt man eigentlich, dass das Wasser kocht?" Ach, Herrje! Anne sieht sich mit einer offenbar harten Aufgabe konfrontiert. „Das Wasser kocht, wenn es anfängt zu blubbern." Hans-Jochen: „Warum?" Tja, warum eigentlich?

Wird Wasser auf dem Herd aufgeheizt, wird ihm also Wärmeenergie zugeführt, so steigt dessen Temperatur. Das geschieht so lange, bis das Wasser eine Temperatur von 100 °C erreicht hat. Wenn noch weiter aufgeheizt wird, steigt die Temperatur trotzdem nicht mehr an. Wasser kann (bei Normalluftdruck) nie heißer als 100 °C werden („Siedetemperatur"). Die noch weiter zugeführte Energie geht allerdings nicht verloren, sondern wird dazu benutzt, um flüssiges Wasser gasförmig zu machen. Gasförmiges Wasser wird „Wasserdampf" genannt. Es bilden sich also überall im Wasser kleine Wasserdampfblasen – es fängt an zu blubbern. Hätte das Wasser im Topf beim Aufheizen überall die gleiche Temperatur, dann würde sich zuerst im oberen Teil des Topfes Wasserdampf bilden, weil dort der geringere Wasserdruck einer Bläschenbildung am wenigsten entgegenwirkt. Weil aber die Heizplatte den Topf von unten erhitzt und daher dort zuerst die 100 °C-Marke erreicht wird, fängt die Bläschenbildung meist im unteren Teil des Topfes an.

Die von unten aufsteigenden Bläschen gelangen auf ihrem Weg nach oben in kältere Wasserschichten, kondensieren erneut und werden wieder zu flüssigem Wasser. Dieses „Kollabieren" der unzähligen kleinen Bläschen geht sehr schnell und ist als Rauschen noch vor dem eigentlichen Kochen des Wassers hörbar.

Wenn das Wasser schließlich kocht, blubbern die erzeugten Blasen an die Wasseroberfläche und der Wasserdampf entweicht in die Umgebungsluft. Wasserdampf ist durchsichtig und damit unsichtbar. Das, was man über dem Topf dampfen sieht, ist nicht Wasserdampf, sondern sind winzig kleine flüssige Wassertröpfchen. Auch wenn es etwas merkwürdig klingt: Dampf aus Wasser ist etwas anderes als Wasserdampf.

Wenn man übrigens im Hochgebirge Wasser kocht, beginnt das Blubbern bereits unterhalb von 100 °C. Aufgrund des geringeren Luftdrucks liegt die Siedetemperatur auf 2000 m Höhe bei nur 93 °C. In einem Dampfdrucktopf können höhere Drücke als der Luftdruck erzeugt werden, sodass dort auch die Siedetemperatur auf über 120 °C steigen kann.

Auf Annes Anweisung hin nimmt Hans-Jochen nach knappen 10 Minuten die Nudeln vom Herd und gießt sie ab. Stolz und zufrieden betrachtet er sein Kochergebnis – ganz ähnlich wie nach dem Bau der ultrastabilen Betonwand und der hübschen Dachgeschosswohnung.

Thema II.22 Glühwein im Advent

Was für eine wohlig-wonnige Adventsstimmung: Einen heißen Glühwein in den Händen, der Duft steigt in die Nase und man pustet andachtsvoll in den heißen Becher.

Wenn man in ein heißes Getränk pustet, will man es damit auf Trinktemperatur abkühlen. Doch warum funktioniert das überhaupt? Schließlich ist unsere ausgeatmete Atemluft doch meist wärmer als die Umgebungsluft. Eine Abkühlung an der kalten Außenluft müsste dann doch eigentlich viel schneller erfolgen als beim Pusten mit warmer Atemluft.

Das, was wir als Temperatur empfinden, ist nichts anderes als die Geschwindigkeit der Teilchen, aus denen ein Gegenstand besteht. Diese kleinen Teilchen heißen „Moleküle". In einem heißen Glühwein bewegen sich die Wassermoleküle (und Alkoholmoleküle) schneller als in einem kalten. An der Grenzfläche von Glühwein und Luft sind einige dieser Moleküle schnell genug, um vom Glühwein in die Luft übertreten zu können. In der Luft bilden sie dann unsichtbares *gasförmiges* Wasser (oder Alkohol). Dieser Vorgang wird „Verdunsten" genannt. Wenn aber die schnellen Moleküle die Flüssigkeit verlassen und gasförmig werden, bleiben die weniger schnellen zurück, d. h. die Temperatur der Flüssigkeit nimmt ab. Das „Gasförmigwerden" braucht also Energie, die der Flüssigkeit in Form von Wärmeenergie entzogen wird. Das nennen wir „Verdunstungskälte".

Kühlen die Teilchen in der Luft wieder ab, bilden sich aus ihnen kleine Wassertröpfchen, die wir als feinen Nebel oder als Dampf aus Wasser über unserem Glühwein sehen können. Dieser Vorgang ist gewissermaßen das Gegenteil von Verdunsten und wird „Kondensation" genannt.

Die Luft kann nur einen bestimmten maximalen Anteil an gasförmigem Wasser aufnehmen. Ist er erreicht, spricht man von 100 % relativer Luftfeuchtigkeit. Mehr geht nicht. Je höher die Luftfeuchtigkeit, desto schlechter kann Wasser verdunsten. Bei 100 % Luftfeuchtigkeit findet keine weitere Verdunstung mehr statt.

Was muss man also tun, wenn man bei einer heißen Flüssigkeit möglichst viel Verdunstungskälte erzeugen will, um sie dadurch möglichst schnell abzukühlen? Man muss die relative Luftfeuchtigkeit an der Flüssigkeitsoberfläche möglichst weit herabsetzen, denn dann findet viel Verdunstung statt. Beim heißen Glühwein findet zunächst tatsächlich viel Verdunstung statt. Doch je mehr Wasser (und Alkohol) verdunstet, desto höher wird die Luftfeuchtigkeit über der Glühweinoberfläche und desto schlechter findet weitere Verdunstung und damit Abkühlung des Getränks statt. Jetzt muss gepustet werden. Damit transportiert man die „feuchte" Luft ab, die durch die bereits stattgefundene Verdunstung entstanden ist. Luft aus der Umgebung mit weniger gasförmigem Wasser (trockenere Luft) kann dann nachströmen und wieder vermehrt Verdunstungskälte erzeugen. Um das „Wegpusten" so effektiv wie möglich zu gestalten, sollte möglichst parallel zur Glühweinoberfläche gepustet werden anstatt einfach nur von oben auf die Mitte der Oberfläche.

Manchmal, vor allem an kalten Winterabenden will man ja gar nicht, dass der Glühwein schnell abkühlt. Pusten will man trotzdem, weil das so schön gemütlich ist. Dann hilft vielleicht, möglichst unbemerkt die Finger über den Becherrand zu schieben und den Glühwein damit abzudecken. Dann kann man pusten und unter den Fingern verdunstet trotzdem nichts. Und falls jetzt gerade Adventszeit ist: ein frohes und gemütliches Weihnachtsfest!

Thema II.23 Warum ist Glas durchsichtig?

> Unser gesamtes Sehvermögen und große Bereiche der Technik nutzen aus, dass Licht sich ändert, wenn es auf Gegenstände und Objekte trifft. Es geht also doch immer wieder nur um die Optik!

Licht besteht aus einzelnen kleinen Portionen von Energie. Max Planck, von dem diese Vorstellung so um 1900 entwickelt wurde, nannte das ein „Quantum" Energie, woraus schließlich die Quantenphysik entstand, die als eine der wichtigsten Physikbereiche überhaupt unser gesamtes heutiges Weltbild bestimmt.

Jedes „Lichtteilchen" ist also nichts anderes als ein Quantum purer Energie. Unser Auge kann die Energie der Lichtteilchen unterscheiden und sieht dies als unterschiedliche Farben: ein violettes Lichtteilchen trägt etwas mehr Energie als ein blaues, ein grünes etwas mehr als rotes. Es gibt auch Licht, das unser Auge nicht wahrnehmen kann. Infrarot („diesseits von rot") hat zu wenig Energie für unser Sehsystem und Ultraviolett („jenseits von violett") hat zu viel. Trotzdem spielen diese und noch andere nicht sichtbare Bereiche des Lichts für uns eine Rolle. Infrarot beispielsweise spüren wir als Wärmestrahlung und Ultraviolett (UV) schädigt unsere Haut.

Wenn Lichtteilchen auf Gegenstände treffen, übertragen sie manchmal ihre Energie portionsweise auf die Atome oder Moleküle, aus denen das Objekt besteht. Ob und wie dies geschieht, hängt sowohl von den Molekülen als auch von der Energie der Lichtteilchen ab. Die Energieportion muss jedenfalls genau auf die Eigenschaften des Moleküls „abgestimmt" sein, damit eine Übertragung stattfinden kann.

Nehmen wir mal ein Rapsblütenblatt. Dessen Moleküle können die Energieportion von blauen – und zwar *nur* von blauen – Lichtteilchen aufnehmen. Wenn dies geschieht, ist das blaue Lichtteilchen einfach weg. Für grüne und rote Lichtteilchen klappt das nicht. Deren Energie passt einfach dafür nicht. Sie verschwinden nicht, sondern werden vom Rapsblatt einfach reflektiert und können somit unser Auge erreichen. Wir sehen grün und rot zusammen als wunderschönes Rapsgelb.

Jedes Molekül oder Atom eines Gegenstands und damit jeder einzelne Teil des Gegenstands hat seine eigene ganz besondere Art, welche Energieportion bzw. Farbe er verschluckt (absorbiert) und welche er reflektiert oder streut. Auf dieser Grundlage beruht die Fähigkeit unseres Auges zu sehen.

Es gibt Materialien, deren Moleküle die (sichtbaren) Lichtteilchen weder absorbieren noch reflektieren können. Lichtteilchen, die auf dieses Material treffen, verschwinden daher nicht, sondern sie fliegen einfach ungehindert immer weiter durch das Material – das Material ist durchsichtig. Glas ist ein Material mit solchen Eigenschaften. Die Glasmoleküle können die Energie von sichtbaren Lichtteilchen nicht aufnehmen und darum können diese auch keine Energie abgeben. Anders als die sichtbaren Lichtteilchen haben aber die energiereicheren UV-Teilchen die richtige „abgestimmte" Energie, um von Glasmolekülen absorbiert zu werden: UV kann also durch Glas abgeschirmt werden, sodass man hinter Glasscheiben weder braun wird, noch einen Sonnenbrand bekommt. Und für die noch energiereichere Röntgenstrahlung sind sogar Teile unseres eigenen Körpers durchsichtig. Gerade das macht man sich ja schließlich in der Röntgendiagnostik zunutze.

Übrigens: Wussten Sie, dass Glas gar kein echter fester Stoff, sondern eher eine sehr zähe Flüssigkeit ist? In manchen alten (bleieingefassten) Kirchenfenstern ist die Glasscheibe unten etwas dicker als oben, weil das Glas dieser Scheiben in vielen Jahrhunderten ganz langsam nach unten geflossen ist.

III In der Natur

Thema III.1 Wie rund ist eigentlich ein Regenbogen?

„Darum soll mein Bogen in den Wolken sein, dass ich … gedenke an den ewigen Bund zwischen mir und allen lebendigen Seelen …, die auf Erden sind."
1 Mose 9:16

Es gibt auf unserer ohnehin an Naturwundern so überaus reichen Erde wohl kaum ein atemberaubenderes Naturereignis als die unfassbare Pracht aus Licht und Farben eines Regenbogens. Wir können dieses spektakuläre Panorama aus dem Spiel von farbigem Hell und Dunkel sehen und bewundern, aber einen Regenbogen hören, schmecken oder gar berühren, das können wir nicht.

Ein Regenbogen entsteht, wenn das Sonnenlicht auf einen feuchten Vorhang aus Nebel oder winzigen Wassertröpfchen fällt, wie es z. B. nach einem milden Sommerregen geschehen kann. Von der Sonne, die uns im Rücken steht, trifft ein Lichtteilchen auf eines dieser winzigen Tröpfchen, wird von dort reflektiert und trifft auf unser Auge (Bild III.1). Das Wichtige dabei ist: Diese Reflexion geschieht vom Auge aus gesehen immer unter einem festen und in alle Richtungen immer gleichen Winkel (etwa 40°). Denken Sie sich eine gerade Linie, die von der Sonne (hinter uns) direkt durch unseren Kopf geht (hinten rein, vorne raus). Diese Linie zielt direkt auf den Mittelpunkt des Regenbogenkreises, der meistens irgendwo vor uns unterhalb des Horizonts liegt. Zielen Sie nun mit ausgestrecktem Arm mit dem Zeigefinger Ihrer Hand genau auf diesen Mittelpunkt. Strecken Sie jetzt den anderen Arm so aus, dass die Zeigefinger Ihrer beiden Hände etwa einen ¾ Meter Abstand haben (egal ob nach rechts, nach oben oder links). Jetzt zeigt Ihr zweiter Zeigefinger genau auf irgendeinen Punkt des Regenbogens. Der Winkel, den Ihre Arme bilden, ist der Reflexionswinkel jedes Lichtteilchens, das zum Regenbogen beiträgt. Er bildet somit auch die Abweichung in alle Richtungen von der gedachten Linie Sonne-Kopf-Regenbogenmittelpunkt. Das macht den Regenbogen rund!

Entlang der Linie, die Ihr Regenbogen-Zeigefinger zeigt, trägt jeder Wassertropfen mit seinen Reflexionen zum Regenbogen bei, sowohl die nahen als auch die fernen, sodass es keinen Abstand zum Regenbogen gibt. Ein Regenbogen hat keine Entfernung, er ist nicht greifbar und nicht lokalisierbar.

Das Ganze gilt übrigens auch für selbst gemachte Regenbögen, z. B. wenn Sie mit Ihrer Gartendusche einen feinen Nebel erzeugen, gegen den das Sonnenlicht in der geschilderten Weise fällt. Verheddern Sie sich aber bloß nicht, wenn Sie jetzt Ihre Arme ausstrecken!

Wenn die Sonne zur Mittagszeit hoch steht, dann geht die gedachte Sonne-Kopf-Linie schon ein paar Meter vor Ihren Füßen in den Erdboden und der Regenbogenmittelpunkt ist weit unterhalb des Horizonts: Sie sehen nur einen flachen Ausschnitt aus dem oberen Teil des Regenbogenkreises. Der Rest würde unterhalb des Horizonts liegen (von dem Sie aber manchmal noch einen Teil sehen können, z. B. vor einem Wald

https://doi.org/10.1515/9783111453699-003

oder Hügel). Abends oder morgens, wenn die Sonne gerade aufgegangen ist, führt die gedachte Linie jedoch fast bis zum Horizont und Sie sehen viel mehr Regenbogen, fast einen Halbkreis. Angenommen, es gäbe gar keinen Erdboden unter Ihnen und auch keinen Horizont, und Sie würden einfach nur zwischen Sonne und Regenbogen schweben, dann wäre der Regenbogen ein vollständiger Kreis. Etwas Ähnliches ist ganz selten der Fall, wenn man im Flugzeug sitzt, die Sonne von schräg oben auf das Flugzeug scheint, man genau auf der anderen Seite aus dem Fenster schaut und dann das Flugzeug einen Schatten auf eine Wolke wirft. Dann kann man mit viel Glück einen geschlossenen Regenbogenring sehen mit dem Flugzeugschatten genau in dessen Mittelpunkt (man nennt dieses regenbogenähnliche Phänomen „Glorie"). Ich bitte um Zusendung Ihrer Fotos!

Woher kommen denn eigentlich die Regenbogenfarben? Jedes Lichtteilchen hat seine eigene Farbe. Es gibt blaue, grüne, gelbe und rote Lichtteilchen, eben alle Regenbogenfarben. Jede Farbe hat einen etwas anderen Winkel, bei dem die Reflexion am Wassertröpfchen stattfindet: die blauen einen etwas kleineren („Innenseite" des Regenbogens), rote einen etwas größeren („Außenseite") und alle anderen dazwischen. Das ergibt die volle Pracht des Regenbogens (Bild III.1).

Es gibt doppelte Regenbögen, es gibt dunkle und helle Regenbogenzwischenräume, es gibt Umkehrungen der Farben und es gibt Regenbogenfarben, die wir gar nicht sehen. Doch Sie wollen ja sicher auch noch etwas anderes lesen…

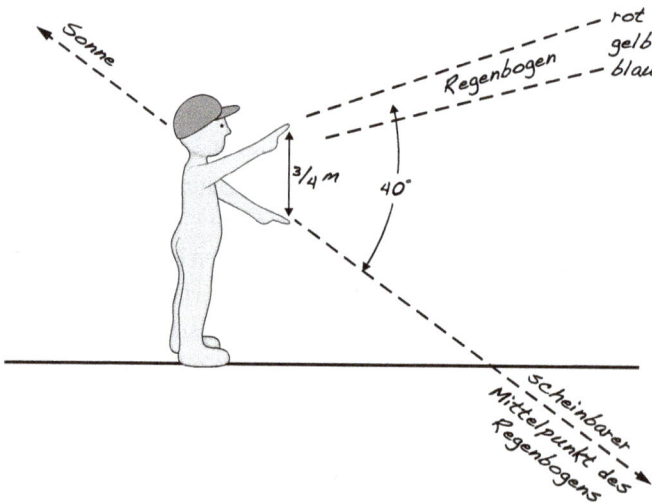

Bild III.1: Wenn man einen Regenbogen sieht, steht die Sonne direkt hinter einem. Eine gedachte Linie geht von der Sonne aus durch den Kopf in den Erdboden und deutet auf den scheinbaren Mittelpunkt des Regenbogens. Rund um diese gedachte Linie krümmt sich der Regenbogen in einem Winkel von etwa 40°. Dabei ist der Winkel für die rötlichen Farben etwas größer und der für bläuliche Farben etwas kleiner. Deutet man mit dem Zeigefinger einer Hand entlang der gedachten Linie auf den Mittelpunkt des Regenbogens und mit dem Zeigefinger der anderen Hand auf irgendeine Stelle des Regenbogens, dann haben die Fingerspitzen einen Abstand von etwa ¾ Meter.

Thema III.2 Warum sind die Blätter grün?

Deutschland ist ein bemerkenswert waldreiches Land. Fast ein Drittel der Landesfläche ist Wald. Deutsche sollen ja auch ein „besonderes" Verhältnis zu ihrem Wald haben. Falls das stimmt, wäre das sicherlich nicht die schlechteste unserer nationalen Eigenschaften. Aber was macht eigentlich einen Wald so grün?

Bäume (und andere Pflanzen) können etwas, was wir Menschen (und andere Tiere) nicht können: Sie können Energie direkt von der Sonne aufnehmen und verwerten. Jedes Lichtteilchen, das von der Sonne kommt, trägt eine kleine Portion Energie. Wir erkennen die Energie an der Farbe. Grüne Lichtteilchen haben ein bisschen mehr Energie als rote und ein bisschen weniger als blaue. Die Sonne sendet aber auch Lichtteilchen mit Energien, die wir *nicht* sehen können. Solche, die noch weniger Energie haben als rote Lichtteilchen, spüren wir als Wärme. Solche, die noch mehr Energie haben als blaue, können sogar gefährlich sein: das sind UV-Teilchen, die Hautkrebs verursachen können.

Wenn ein Lichtteilchen auf das Blatt eines Baumes fällt, dann kann es seine Energie auf das Blatt übertragen. Damit ist es dann einfach weg und verschwunden. Das funktioniert aber nur für ganz bestimmte Energien, d. h. ganz bestimmte Farben. Für blaue Lichtteilchen geht das besonders gut und auch für rote. Für grüne Energie funktioniert das aber ziemlich schlecht. Grüne Lichtteilchen können ihre Energie nicht an das Blatt übertragen. Sie verschwinden demzufolge nicht, sondern werden vom Blatt reflektiert und können somit auch unsere Augen erreichen: Wir sehen also hauptsächlich grüne Lichtteilchen, wenn wir auf ein Blatt schauen. Wir sehen aber keine blauen und roten, weil die ja verschwinden, wenn sie auf ein Blatt treffen. Deswegen erscheinen uns Blätter grün. Würden *alle* Lichtteilchen mit allen Farben ihre Energie auf das Blatt übertragen, wären sie alle verschwunden und das Blatt würde schwarz aussehen. Würden überhaupt *keine* Energien übertragen, würden alle Farben gleichmäßig reflektiert und das Blatt erschiene weiß, denn weiß ist nichts anderes als die Summe aus allen möglichen Einzelfarben.

Was passiert jetzt mit der blauen und roten Energie, die das Blatt aufgenommen hat? Der Baum holt Wasser mit den Wurzeln aus der Erde, und die Blätter holen CO_2 (Kohlenstoffdioxid) aus der Luft. Mit der Energie der blauen und roten Lichtteilchen wird im Blatt aus diesen beiden Stoffen Zucker und Sauerstoff hergestellt. Aus dem Zucker entsteht Holz (Kohlenstoff) für den Baum und der Sauerstoff wird an die Luft abgegeben. Das Ganze nennt man Photosynthese. Im Grunde macht ein Blatt das Gegenteil von dem, was wir machen: Wir essen Zucker und atmen Sauerstoff ein und geben dabei Wasser und CO_2 ab.

Ein großer Baum kann etwa zehn Menschen mit Sauerstoff versorgen und deren CO_2-Produktion kompensieren. Das allein wäre sicher kein Problem. Jeder von uns produziert aber mehr als 40-mal so viel CO_2 und Energie durch Verbrennen von Öl, Kohle und Holz, den sogenannten „fossilen" Energieträgern, wie unser eigener Körper zum Leben umsetzt.

Pflanzen, Bäume und Wälder sind für uns unschätzbar wertvoll. Leider behandeln wir sie aber nicht so. Wir alle wissen, dass wir zu viel CO_2 freisetzen. Dies geschieht vor allem durch zu viel Verbrennen fossiler Brennstoffe. All diese Stoffe sind dereinst auch durch Photosynthese in Pflanzen entstanden. Was wir aber in den vergangenen 150 Jahren verbrannt haben, zu dessen Aufbau hat die Natur viele Millionen Jahre gebraucht. Wir vernichten Öl, Kohle und Holz mit entsprechender Abgabe von CO_2 in die Luft mehr als 100.000-mal schneller als sie wieder aufgebaut werden können. Das kann so nicht mehr lange gut gehen.

Vielleicht wäre es nicht schlecht, wenn wir uns unseres „besonderen" Verhältnisses zum Wald wieder besinnen würden.

Thema III.3 Können Insekten überhaupt hören?

Die Natur ist unglaublich geschickt im Ausnutzen physikalischer Gesetzte. Das zeigt sich besonders auch bei der enormen Vielfalt des Hörens.

Wenn wir etwas hören, dann trifft ein Schall aus der Luft zunächst auf das Trommelfell unserer Ohren. Hinter dem Trommelfell befinden sich die Gehörknöchelchen, die kleinsten Knochen, die wir überhaupt haben. Diese kleinen Miniknochen funktionieren wie ein Hebel mit Scharnier (vgl. Thema I.7). Damit werden die winzigen Vibrationen, die das Trommelfell aus den Luftschwingungen übernommen hat, an die Flüssigkeit des Innenohrs weitergeleitet. Dort befindet sich eine Struktur, mit deren Hilfe diese Innenohrschwingungen in ihre einzelnen Frequenzanteile zerlegt und an bestimmte Nervenzellen des Innenohrs übertragen werden können. Die Signale dieser Hörzellen, von denen wir etwa 15.000 in jedem Ohr haben, werden ins Gehirn gesendet, das dann selbst wissen muss, was es damit macht.

Warum eigentlich eine so komplizierte Mechanik mit Hebelknöchelchen und Scharnier im Ohr? Der Grund ist: Wenn ein Schall aus der Luft direkt auf eine Flüssigkeit trifft, dann prallt er teilweise an ihr ab und wird wieder an die Luft zurückgegeben. Nur ein geringer Teil wird auf die Flüssigkeit übertragen. Wie hoch dieser Anteil ist, hängt von der Schallfrequenz ab. In der Innenohrflüssigkeit soll aber möglichst viel vom Schall landen und möglichst wenig soll reflektiert werden. Um dies zu erreichen, muss eine Mechanik den Luftschall unreflektiert aufnehmen und alle Frequenzen gleichstark auf die Flüssigkeit des Innenohrs übertragen. Auf diese Weise können wir ein breites Spektrum an Frequenzen hören. Bei einem Schall im gut hörbaren Bereich schwingt der Luftdruck 1.000-mal pro Sekunde. Man spricht dann von einer Schallfrequenz von 1.000 Hertz (Hz). Unser Ohr kann Frequenzen von 20 Hz (tiefe Töne) bis etwa 20.000 Hz (hohe Töne) wahrnehmen (vgl. Thema II.15).

Insekten sind etwas weniger kompliziert als Menschen – und auch deren Ohren. Trotzdem können einige von ihnen erstaunlich gut hören. Ein Trommelfell haben manche Insekten zwar auch, aber ein Innenohr besitzen sie nicht. Also gibt es auch keine Flüssigkeit, auf die der Schall übertragen werden muss. Stattdessen sitzen die Hörnervenzellen direkt auf der Innenseite des Trommelfells. Da dieses je nach Schallfrequenz an unterschiedlichen Stellen schwingt, reagieren die Hörzellen entsprechend ihrer Position auf dem Trommelfell auf ganz bestimmte Frequenzen und können so ihre Signale an das Insektengehirn senden. Das Ganze funktioniert zwar nicht ganz so gut wie bei uns, reicht aber für das Kommunikationsbedürfnis völlig aus.

Insekten machen sich aber einen anderen Trick zunutze: Da sie keine Lungen haben, durchzieht ihren Körper ein feines System von Luftröhren („Tracheen"), um die Sauerstoffversorgung zu gewährleisten. Durch diese Tracheen kann aber auch Schall geleitet werden, der dann quer durch den Körper gehen kann. Auf diese Weise kann er auch auf die *Innenseiten* der Trommelfelle auftreffen. Das ermöglicht dem Tier, aus der Differenz zwischen Innen- und Außenschall auf die Schallrichtung bzw. Schallquelle zu schließen. Dies gelingt umso besser, wenn der Körperteil mit dem Ohr, das bei Insekten „Tympanum" heißt, im Schallfeld hin- und herbewegt werden kann. Das Tympanum befindet sich bei Heuschrecken manchmal an den Beinen, z. B. an den Unterschenkeln der Vorderbeine, oder manchmal auch am Hinterleib (Abdomen).

Weibchen schwenken ihr Abdomen so lange im Schallfeld hin und her, bis sie wissen, wer denn so wunderschön viel Krach machen kann und wo er sich befindet. Weibchen finden also die Männchen am besten, die am meisten Krach machen. Männchen hingegen finden die Damen am besten, die ihr Hinterteil am schönsten hin- und herschwenken. Wie gesagt: Menschen sind da ein wenig komplizierter. Da funktioniert das selbstverständlich ganz anders.

Übrigens: Versuchen Sie mal, die anatomische Besonderheit „Abdomen mit Tympanum" ins Normaldeutsche zu übersetzen.

Thema III.4 Vom Blitz getroffen

> Früher waren Zeus, Thor oder Donar und Kollegen für Blitz und Donner zuständig.
> Heute die Physik.

Als Junge verblüffte mich ein Zeitungsfoto, auf dem eine ganze Herde Kühe zu sehen war, die tot auf der Weide lagen. „Vom Blitz getroffen", war die Schlagzeile. Der Bauer jedoch stand quicklebendig inmitten seiner toten Herde, obwohl er beim Blitzeinschlag direkt bei seinen Kühen war. Jenseits der Tatsache, dass ein mittelhessischer Bauer mehr vertragen kann als eine Kuh, muss es eine weiterreichende Erklärung dafür geben.

Ein Blitz ist nichts anderes als ein plötzlicher kurzer Strom (ein Fluss von elektrischen Ladungen) aus den Wolken zum Erdboden. Das können innerhalb von ein paar Millisekunden gut und gerne mal 10.000 Ampere sein, 1.000-mal mehr als Ihre Hauptsicherung im Haus absichert. Ein einziger Blitz enthält eine elektrische Energie von etwa 300 Kilowattstunden (kWh). Das ist so viel Energie, wie ein durchschnittlicher Haushalt in einem Monat verbraucht. Sie brauchen also eigentlich bloß einen Blitz pro Monat einzufangen, um Ihre Wohnung ständig mit elektrischer Energie zu versorgen. Abgesehen davon, dass eine brillante Idee fehlt, wie so etwas wohl zu realisieren wäre, bräuchten Sie dafür in unseren Breiten eine „Blitz-Erntefläche" von immerhin fast 10 km^2.

Auf der ganzen Erde haben wir etwa 40.000 Gewitter mit 5 Millionen Blitzen am Tag. Auch das vollständige Ausnutzen dieser „globalen Blitzenergie" würde unseren weltweiten Energiehunger leider nicht mehr als zu etwa 1 % stillen.

Wenn der Blitz irgendwo auf dem Erdboden einschlägt, dann verteilt sich in Sekundenbruchteilen der Strom vom Ort des Einschlags in alle Richtungen. Nahe des Einschlagorts fließt viel Strom im Boden, je weiter weg umso weniger.

Stellen Sie sich jetzt eine Kuh vor, die zum Zeitpunkt des Blitzes in Richtung zum Einschlagort steht, jedoch in einiger Entfernung dazu (Bild III.2). Sie wird also nicht direkt vom Blitz getroffen. Der Strom, der sich von der Stelle des Einschlags im Erdboden verteilt, erreicht nun die Vorderbeine der Kuh. Er kann nun sowohl weiterhin durch den Erdboden bis zu den Hinterbeinen der Kuh fließen, als auch längs durch die Kuh hindurch. (Lebens-)wichtig für die Kuh ist: Wie viel Strom durch ihren Körper fließt, hängt vom Abstand der Vorderbeine zu den Hinterbeinen ab. Der Bauer, der direkt daneben steht, hat natürlich keine Vorder- und Hinterbeine, aber er hat zumindest ein linkes und ein rechtes Bein. Deren Abstand ist jedoch in der Regel sehr viel geringer als Vorder- und Hinterbein der Kuh. Daher kann der Bauer den gleichen Blitzschlag überleben, die Kuh jedoch leider nicht. Die Natur kann ziemlich ungerecht sein!

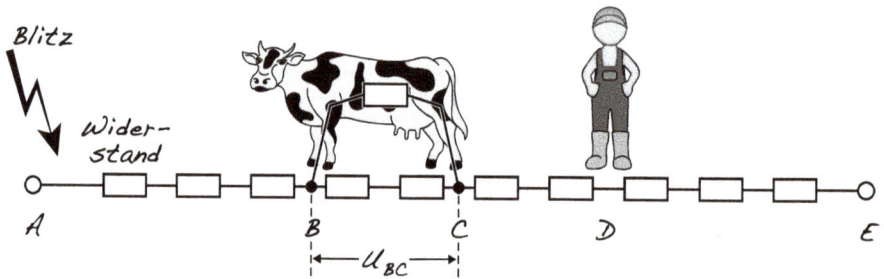

Bild III.2: Wie fließt der Strom, der durch den Blitz am Punkt **A** in den Erdboden gelangt (links), durch den Körper der Kuh? Der Strom verteilt sich räumlich in alle Richtungen horizontal und auch vertikal im Erdboden und schwächt sich dadurch mit der Entfernung zu **A** deutlich ab. Wenn man sich entlang einer eindimensionalen Strecke den elektrischen Widerstand als eine Reihenschaltung vorstellt, dann fällt die Spannung entlang dieser Widerstandsreihe kontinuierlich bis auf Null am Punkt **E** ab (rechts). Nimmt man zwei beliebige Punkte **B** und **C** entlang dieser Strecke heraus und misst die Spannung U_{BC} zwischen diesen beiden Punkten, dann ist sie umso größer, je weiter **B** und **C** voneinander entfernt sind. Stehen die Vorderbeine der Kuh am Punkt **B** und die Hinterbeine am Punkt **C**, dann kann der Strom aufgrund der Spannung U_{BC} sowohl weiter durch den Erdboden als auch durch die Kuh hindurchfließen. Da der Körper der Kuh einen kleineren Widerstand hat als der Erdboden, wird ein Großteil des Stroms durch sie hindurchfließen. Je weiter die Beine auseinanderstehen (Abstand **B** und **C**), desto größer die Spannung U_{BC} und desto größer der Strom durch die Kuh. Die Beine eines Bauern am Punkt **D** stehen so dicht zusammen, dass zwischen ihnen nur eine sehr kleine Spannung abfällt.

Was haben Sie, liebe Leser und Leserinnen, nun von dieser Erkenntnis? Wenn Sie demnächst mal unverhofft in freier Natur in ein Gewitter geraten, unabhängig davon, ob Eichen oder Buchen in der Nähe sind: Breitbeinig in der Gegend herumstehen, ist eher schlecht. Beine zusammen, ist schon besser, auf einem Bein stehen, noch besser. Auf einem Bein in die Hocke gehen ist wie eine Tarnkappe gegen Blitze – allerdings auf Dauer etwas anstrengend, wenn auch ein gutes Training. Aber seien Sie wenigstens froh, dass Sie keine Kuh sind.

Zum Nachrechnen

Die elektrische Leistung P mit der Einheit Watt (W) ist Spannung U mit der Einheit Volt (V) mal Strom I mit der Einheit Ampere (A):

$$P = U \cdot I \quad \text{mit den Einheiten} \quad W = V \cdot A$$

Man kann die Leistung P aber auch als Energie E mit der Einheit Joule (J) durch Zeit t mit der Einheit Sekunde (s) angeben:

$$P = \frac{E}{t}$$

Wenn ein Blitz also eine Energie von 300 kWh in, sagen wir, 2 Millisekunden (ms) freisetzt, dann entspricht das in dieser kurzen Zeit der enormen Leistung von (Vgl. Thema II.7):

$$P_B = \frac{300\,\text{kWh}}{2\,\text{ms}} = \frac{300\,\text{kW} \cdot 3600\,s}{0{,}002\,s} = 5 \cdot 10^8\,\text{kW}$$

In dieser Rechnung steckt auch schon die Umrechnung der Energie von

$$1\,\text{J} = 1\,\text{Ws} = 1/3600\,\text{Wh} = 0{,}00028\,\text{Wh} = 2{,}8 \cdot 10^{-7}\,\text{kWh} \quad \text{(vgl. Thema I.1)}$$

Zum Vergleich: Ein Kraftwerk liefert mit etwa 10^6 kW etwa 500-mal weniger Leistung als ein Blitz – allerdings nicht nur ein paar Millisekunden lang, sondern mehr oder weniger permanent.
Wenn die (kurzfristige) Leistung also $5 \cdot 10^8$ kW ist und gut und gerne ein Strom von 10.000 A fließt, dann kann man daraus die Spannung ausrechnen, die zwischen den Wolken und dem Erdboden bei einem Blitz herrscht:

$$U = \frac{P}{I} = \frac{5 \cdot 10^8\,\text{kW}}{10^4\,\text{A}} = \frac{5 \cdot 10^4\,\text{kVA}}{\text{A}} = 5 \cdot 10^4\,\text{kV} = 50.000\,\text{V}$$

Thema III.5 Was wiegen Wolken?

Gar nichts, möchte man meinen, wenn man die luftig-leichten weißen Wölkchen am blauen Himmel entlangziehen sieht.

Wenn Wasser verdunstet, wird es gasförmig und vermischt sich unsichtbar mit der Luft. Wenn sich viel gasförmiges Wasser[3] in der Luft befindet, ist die Luftfeuchtigkeit hoch und wir haben eine schwüle Wettersituation. Wird der maximal mögliche Gehalt an gasförmigem Wasser erreicht (100 % Luftfeuchtigkeit), kann die Luft kein weiteres gasförmiges Wasser mehr aufnehmen und es bilden sich kleine Tröpfchen von flüssigem Wasser. Wir sehen dies z. B. als Nebel oder auch als Dampf über einem Topf mit kochen-

---

3 Gasförmiges Wasser wird auch als Wasserdampf bezeichnet (vgl. Thema II.21).

dem Wasser (vgl. Thema II.21 und Thema IV.2). Auch Wolken sind nichts anderes als kleine flüssige Wassertröpfchen.

Der Anteil an gasförmigem Wasser, den die Luft maximal aufnehmen kann, ist abhängig von der Temperatur: warme Luft kann mehr aufnehmen als kalte. An einem milden sonnigen Frühherbsttag bei klarer Luft, schwachem Wind und mittlerer Luftfeuchtigkeit steigt die warme Luft mit einem Anteil von gasförmigem Wasser nach oben und kühlt sich dabei ab. In Höhen von einigen 100 Metern ist die Luft so kalt, dass sie selbst einen geringen Wassergasanteil nicht mehr gasförmig halten kann. Es bilden sich winzige kleine flüssige Wassertröpfchen, die wir von unten in ihrer Gesamtheit als weiße flauschige Schäfchenwolken sehen.

In einem Kubikmeter einer solchen Schönwetterwolke, die auch als Cumulus bezeichnet wird, befinden sich etwa 1 Milliarde Wassertröpfchen, die insgesamt nur etwa 1 Gramm wiegen. Das klingt nicht nach besonders viel. Eine Wolke kann aber groß sein, durchaus mal 1 Milliarde Kubikmeter. Dann bringen alle Tröpfchen zusammen immerhin 1.000 Tonnen auf die Waage. Eine dicke schwarze Gewitterwolke kann gut und gerne sogar noch 100-mal mehr Wasser enthalten.

Warum fallen Wolken nicht einfach vom Himmel herab? Die kleinen Wassertröpfchen, aus denen eine Wolke besteht, fallen tatsächlich mit einer Geschwindigkeit von einigen Zentimetern pro Sekunde. Doch dann gelangen sie wieder in wärmere Luftschichten, verdunsten und steigen als gasförmiges Wasser wieder auf. Ähnliches geschieht durch Aufwinde. So bleibt die Wolke als Ganzes mehr oder weniger immer in gleicher Höhe. Gerät die Wolke jedoch in kältere Luftschichten oder kühlt sie sich als Ganzes ab, so bilden sich aus den winzigen kleinen Tröpfchen immer größere und es werden schließlich richtige Tropfen. Diese sind dann so groß und haben eine so hohe Fallgeschwindigkeit, dass sie auf ihrem Weg zur Erde nicht mehr verdunsten können. Es regnet.

Gasförmiges Wasser in große Höhen zu bringen und dort Wolken zu bilden, benötigt Energie, und zwar Sonnenenergie. Für die 1.000 Tonnen einer kleinen Schäfchenwolke pumpt die Sonne eine Energie von knapp 3.000 Kilowattstunden (kWh) in die Wolke. Wenn man es irgendwie schaffen könnte, diese in einer Wolke gespeicherte Energie als elektrische Energie in die Steckdose zu befördern, könnte davon ein Haushalt locker seinen jährlichen Strombedarf decken.

Ich stelle mir einen echten Romantiker vor, der mit seiner Liebsten im weichen Gras einer Blumenwiese liegt, in den weiß-blauen Himmel schaut und säuselt: „Liebling, ich hole dir die Wolke vom Himmel!". Und sie antwortet etwas weniger romantisch: „Schatz, bezahl mir lieber die Stromrechnung für dieses Jahr!"

Zum Nachrechnen

Die Energie E mit der Einheit Joule (J) oder Kilowattstunde (kWh), die gebraucht wird, um eine Masse m in eine Höhe h über den Erdboden zu bringen, berechnet sich folgendermaßen:

$$E = m \cdot g \cdot h$$

Dabei ist $g = 9{,}81 \text{ m/s}^2$ die Erdbeschleunigung.

Um das Wasser einer Wolke mit einer Masse von 1.000 Tonnen (1 Mio. kg) in eine Höhe von 1.000 m zu bringen, muss folgende Energie aufgewendet werden:

$$E = 10^6 \, \text{kg} \cdot 9{,}81 \, \text{m/s}^2 \cdot 1.000 \, \text{m} \approx 10^{10} \, \frac{\text{kg} \cdot \text{m}}{\text{s}^2} = 10^{10} \, \text{J} = 2.800 \, \text{kWh}$$

Beim „Abregnen" wird diese Energie wieder frei.

Thema III.6 Über den Wolken

„... muss die Freiheit wohl grenzenlos sein." – Wohl eher nicht.

Über den Wolken würde sich ein Mensch mit etwa 200 km/h in nur eine Richtung bewegen, nämlich direkt nach unten. Ehrlich gesagt wären in diesem Fall meine Ängste und Sorgen nicht unbedingt „nichtig und klein". Wenn also jemand wirklich die Freiheit haben will, auch andere Richtungen als nach unten zu wählen, dann braucht er dazu die Fähigkeit zu fliegen. Die Natur in ihrer unergründlichen Weisheit hat dem Menschen zunächst nichts Brauchbares dafür mitgegeben – außer seinem Verstand. Also: wie funktioniert das Fliegen?

Nehmen Sie mal einen länglichen Streifen aus Papier (ruhig ein Stück aus einer Zeitung), so ungefähr 30 cm lang und 5 cm breit. Halten Sie sich den Papierstreifen mit den Händen an der schmalen Seite an die Unterlippe direkt vor den Mund. Natürlich hängt er jetzt einfach nur schlapp vor Ihrem Mund herunter. Jetzt blasen Sie gleichmäßig, kräftig und möglichst lange über den Papierstreifen hinweg. Sie merken, dass sich das Papier plötzlich anhebt und, etwas zappelig zwar, aber so lange in der Waagerechten bleibt, wie Ihre Puste reicht. Erst wenn Sie aufhören zu blasen, hängt der Papierstreifen der Schwerkraft folgend wieder schlaff herunter.

Das Blasen bewirkt oberhalb des Papierstreifens einen Unterdruck. Hier ist der Druck also kleiner als auf der Unterseite. Die Luft drückt von unten nach oben, sodass eine Kraft entsteht, die dem Herunterfallen entgegenwirkt. Dies ist der „Auftrieb", den man auch zum Fliegen braucht.

Zum Erzeugen eines solchen Auftriebs hat ein Flugzeug Tragflächen. Das Pusten übernimmt der Fahrtwind, also die Geschwindigkeit des Flugzeugs relativ zur Luft. Wichtig ist, dass die Luftgeschwindigkeit *oberhalb* der Tragflächen größer ist als *unterhalb* davon, also genauso wie beim Pusten über den Papierstreifen. Wenn man sich eine Tragfläche beim Flugzeug genau anschaut, dann sieht man, dass sie unten eine relativ flache gerade Fläche darstellt, während sie oben eine eher gewölbte und gerundete Form aufweist. Diese Formgebung bewirkt, dass die Luft an der Oberseite der Tragfläche aufgrund der Wölbung eine längere Strecke zwischen Vorne und Hinten zurücklegen muss als in der gleichen Zeit die Luft auf der geraden ebenen Unterseite. Damit ist die Luftgeschwindigkeit *über* der Tragfläche größer als *darunter*. Das ergibt den Auftrieb. Je größer die Luft- bzw. die Fluggeschwindigkeit, desto größer ist auch der Auftrieb. Ein Flugzeug, das sich nicht bewegt, kann auch nicht fliegen.

Natürlich ist die Sache mit dem Fliegen in der Praxis noch erheblich komplizierter. Das Fliegen mit Ballons oder mit Luftschiffen (da heißt das aber nicht Fliegen, sondern „Fahren") und erst recht mit Geschossen oder Raketen funktioniert nach ganz anderen Prinzipien.

Die Flugpioniere wie Otto Lilienthal oder die Gebrüder Wright mussten viel nachdenken, lange konstruieren und ausprobieren und großen Mut aufbringen, bis schließlich so etwas wie Fliegen dabei herauskam. Viele Hunderttausend Jahre konnten Menschen überleben, ohne fliegen zu können. Jetzt gehört Fliegen fast zum Alltag. Ob unsere Freiheit dadurch wirklich größer geworden ist und ob alle Ängste und Sorgen kleiner, mag man hingegen bezweifeln. Sie blieben, so meint ja auch Reinhard Mey, nur unter den Wolken verborgen.

Thema III.7 Der Widerstand von Luft

Häufig merkt man gar nicht viel von Luft. Trotzdem spielt sie auch im Alltag eine große Rolle und setzt so mancher Bewegung viel Widerstand entgegen.

Wenn ich mich wie üblich nur langsam bewege, spüre ich nicht viel vom Luftwiderstand. Aber schon beim Fahrradfahren ist das anders. Auch wenn ich auf schön gerader, glatter und ebener Straße mit gleichbleibender Geschwindigkeit fahre, muss ich trotzdem über die Pedale ständig Kraft und Energie einsetzen. Das tatsächlich nur, um die verschiedenen Reibungsverluste (hauptsächlich durch den Luftwiderstand) auszugleichen. In einer Umgebung ganz ohne Reibungswiderstände wäre das nicht nötig. Ein Raumschiff z. B. würde ganz ohne Antrieb immer mit gleicher Geschwindigkeit durchs All weiterfliegen. Nur für eine *Änderung* der Geschwindigkeit (Beschleunigung oder Abbremsung) müsste ein Triebwerk gezündet werden.

Der Luftwiderstand ist eine bestimmte Form von Reibungskraft. Wenn man mit dem Fahrrad *bei Windstille* mit 20 km/h fährt, wirkt über den Luftwiderstand eine Kraft, so als hätte man während der Fahrt ständig eine Spiralfeder auf den Rücken geschnallt, die dauernd mit 1 kg nach hinten zieht. Oder so, als hätte man eine permanente Bergaufstrecke mit einer Steigung von etwa 1 %. Um allein diesen „Fahrtwind" zu kompensieren, muss die Fahrerin über 50 Watt (W) Leistung aufbringen.

Und dann noch der ständige nervige Gegenwind! Kommt dieser „echte" Wind mit 20 km/h (mäßige Brise) noch zum 20-km/h-Fahrtwind hinzu, so müsste nicht etwa die doppelte Leistung zum Kompensieren eingesetzt werden, sondern mit über 200 W sogar das Vierfache! Man sagt, die Luftreibung „wächst quadratisch" mit der Geschwindigkeit. Bei 60 km/h Gesamtwind (3-fach) sind das schon mehr als 450 W (9-fach).

Für den Luftwiderstand spielt die „Frontfläche", also die der Luft entgegengehaltenen Flächenanteile des fahrenden Gegenstands, eine große Rolle. Auf dem Fahrrad beugt man sich gern über den Lenker und zieht die Schultern zusammen, um der Luft möglichst wenig Fläche entgegenzustellen. Auch die Form, häufig ausgedrückt durch den „C_W-Wert", hat großen Einfluss: Je kleiner der C_W-Wert, desto „windschnittiger" das sich bewegende Objekt.

Aber Luft bzw. Wind kann ja auch als Antrieb genutzt werden. Bei Windstärke 6 (starker Wind) können Windgeschwindigkeiten von 50 km/h auftreten. Das 3-Mast-Segelschulschiff „Gorch Fock" kommt mit seinen 1.800 m^2 Segelfläche auf eine Antriebskraft, die einer Gewichtskraft von immerhin 30 Tonnen entspricht.

Auch so nützliche Dinge wie ein Fallschirm nutzen den Luftwiderstand aus. Wenn jemand ohne Fallschirm aus dem Flugzeug springt, wächst zwar zunächst seine Fallgeschwindigkeit, aber nach etwa 10 Sekunden ist die Luftreibung so groß, dass mit etwa 150 km/h eine konstante Fallgeschwindigkeit erreicht wird. Dann ist man bereits 300 m tief gefallen. So gesehen ist es auch egal, ob man ohne Fallschirm aus 300 m Flughöhe herabstürzt oder aus 3.000 m.

Hat man jedoch einen Fallschirm und öffnet ihn beim Fallen, wächst der Luftwiderstand sprunghaft an und man hat nur noch eine Fallgeschwindigkeit von etwa 20 km/h. Die Luftreibungskraft (nach oben gerichtet) ist dann exakt so groß wie die Gewichtskraft des Fallschirmspringers (nach unten gerichtet), sodass sich beide Kräfte gegenseitig kompensieren und keine Beschleunigung mehr stattfindet. In dieser Situation ziemlich beruhigend!

Zum Nachrechnen

Beim Fahrradfahren ist die Reibungskraft F_R abhängig von der Luftdichte ρ_L, vom Strömungswiderstand („c_W-Wert"), von der „Frontfläche" a, die der Fahrer der Luft entgegen hält, sowie der Fahrtgeschwindigkeit v:

$$F_R = \frac{1}{2} \cdot c_W \cdot \rho_L \cdot a \cdot v^2$$

Setzt man als Werte $c_W = 0,8$ und $\rho_L = 1,2$ kg/m^3 und $a = 0,7$ m^2, sowie als Fahrtgeschwindigkeit $v = 20$ km/h (= 5,5 m/s) ein, so folgt für die Reibungskraft:

$$F_R = \frac{1}{2} \cdot 0,8 \cdot 1,2 \text{ kg/m}^3 \cdot 0,7 \text{ m}^2 \cdot (5,5 \text{ m/s})^2 \approx 10 \frac{\text{kg} \cdot \text{m}}{\text{s}^2} = 10 \text{ N}$$

Die Leistung P_R, die zur Überwindung der Reibungskraft aufgebracht werden muss, ist:

$$P_R = F_R \cdot v = 10 \text{ N} \cdot 5,5 \text{ m/s} = 55 \text{ W}$$

Für Fahrtwind plus Gegenwind ergibt sich eine relative Geschwindigkeit $v = 40$ km/h (= 11 m/s). Für diesen Wert ergibt sich eine Reibungskraft von:

$$F_R = 40 \text{ N}$$

Bei gleicher Geschwindigkeit des Fahrers folgt daraus eine notwendige Leistung von:

Für $v = 40$ km/h(= 11 m/s). $P_R = 40 \text{ N} \cdot 5,5 \text{ m/s} = 220 \text{ W}$

für $v = 60$ km/h(= 16,5 m/s): $P_R = 90 \text{ N} \cdot 5,5 \text{ m/s} = 480 \text{ W}$

Gorch Fock ($c_W = 1,4$): $F_R = \frac{1}{2} \cdot 1,4 \cdot 1,2 \text{ kg/m}^3 \cdot 1800 \text{ m}^2 \cdot (14 \text{ m/s})^2 \approx 300.000 \text{ N}$

Wenn dies eine Gewichtskraft wäre, also für $F_G = F_R$, dann wäre das eine Masse m von:

$$F_G = m \cdot g \quad \text{bzw.:} \quad m = \frac{F_G}{g} = \frac{F_R}{g} = \frac{300.000\,\text{N}}{9,81\,\text{m/s}^2} \approx 30.000\,\frac{\text{kg} \cdot \text{m/s}^2}{\text{m/s}^2} = 30.000\,\text{kg}$$

Thema III.8 Gibt es erneuerbare Energien?

Nein, gibt es nicht. Man kann Energie nicht erzeugen, nicht verbrauchen, nicht gewinnen und auch nicht erneuern. Man kann nur eine Energieform in eine andere umwandeln. Dies ist eines der wichtigsten Naturgesetze, die es überhaupt gibt. Und das gilt für das gesamte Universum! So sagen es jedenfalls die Physiker.

Wenn wir im Alltag diese Begriffe benutzen, meinen wir aber etwas anderes damit. Wenn wir Energie „erzeugen", bekommen wir Geld dafür. Wenn wir Energie „verbrauchen", müssen wir etwas dafür bezahlen. Das ist verdammt real. Da können Physiker sagen, was sie wollen.

Die Energie, die wir „verbrauchen", kommt mit Ausnahme der Kernenergie (manche sagen: Atomkraft) nahezu ausschließlich von der Sonne. Doch auch die Sonne erzeugt keine Energie, sondern auch sie wandelt nur eine Energieform in eine andere um: nämlich Kernenergie in Strahlungsenergie. Auch die Kernenergie der Sonne wird irgendwann einmal verbraucht sein. Aber darüber müssen Sie sich erst in etwa 5 Milliarden Jahren ernsthafte Sorgen machen.

Die Sonne hat zur Bereitstellung und zur Speicherung dieser Energie auf der Erde in Form von Öl, Kohle, Erdgas und Holz viele Millionen Jahre gebraucht. Wir nennen diese Energieform „fossil" und meinen damit organisches Leben der gesamten vergangenen Erdgeschichte. Bei den fossilen Energieträgern handelt es sich also um gespeicherte Sonnenenergie. Wir bezeichnen diese Energieträger außerdem als „nicht erneuerbar", weil sie unwiederbringlich weg sind, wenn wir sie verbrannt haben. Aber streng genommen sind auch sie erneuerbar, nämlich durch die gleichen Prozesse, wie sie auch bisher durch die Sonne entstanden sind. Nur verbrauchen wir diese Stoffe mehr als 100.000-mal schneller als sie von der Sonne wieder aufgebaut werden können. *Das* sollte uns Sorgen machen!

Das, was wir „erneuerbare" Energien nennen, kommt ebenfalls ausschließlich von der Sonne. Diese Energie wird jedoch nicht fossil gespeichert, sondern sie wird direkt in eine für uns nutzbare Energieform umgewandelt. Dies ist vor allem Sonnenlicht, das in Solarzellen in Strom umgewandelt wird (vgl. Thema II.10). Und es ist Wind, denn unterschiedliche atmosphärische Zustände, deren Ausgleich zu Luftbewegungen führen, kommen auch durch Sonnenstrahlung zustande. Diese Energieformen werden erneuerbar genannt, weil uns immer nur so viel Energie zur Verfügung steht, wie gerade durch Solarzellen oder Windkraftanlagen erzeugt wird und demzufolge von der Sonne „nachgeliefert" werden kann. Dieses Nachliefern durch die Sonne bezeichnen wir als „Erneuern".

Wenn an sonnen- oder windreichen Tagen mehr Energie erzeugt als gebraucht wird, wäre es gut, wenn auch diese Energie gespeichert werden könnte, um sie erst später zu nutzen (vgl. Thema V.7). Hierzu dienen z. B. Batterien, Wasserstoff-, Wärme- oder Pumpspeicher. Dabei handelt es sich also jeweils um Techniken der Energiespeicherung. Sie sind jedoch nicht „fossil", sind also nicht das Ergebnis eines viele Millionen Jahre langen Prozesses, sondern sollen für eine eher kurzfristige Energiespeicherung sorgen. Bei all diesen Speichervarianten wird eine Energieform in eine andere umgewandelt: es muss zur Speicherung nutzbarer Energie aufgebracht werden, die dann später bei Bedarf wieder als nutzbare Energie (allerdings mit Verlusten) freigegeben werden kann. Energie *erzeugt* wird damit nicht.

In der aktuellen Energiedebatte muss gut unterschieden werden zwischen den Technologien, mit denen man Energie *erzeugen* kann und denen, mit denen man Energie *speichern* kann. Beides kostet Geld. Und beides muss im Energiemix einer Industrienation in guter Balance sichergestellt sein. Ein Energiespeicher ist etwas anderes als eine Energiequelle. Wenn wir also z. B. die Batterie- oder die Wasserstofftechnologie fördern (was sicherlich sehr sinnvoll ist), dann lösen wir bestenfalls das Energie*speicher*problem aber noch nicht das Energie*versorgungs*problem. Dafür müssen dann doch wohl eher die erneuerbaren Energien (die es ja physikalisch eigentlich gar nicht gibt) herangezogen werden.

Und Kernenergie? Darum kümmern wir uns in Thema IV.7.

Thema III.9 Was ist eigentlich Radioaktivität?

Vielleicht haben Sie im Krankenhaus schon einmal die Abteilung „Nuklearmedizin" gesehen. Dort werden radioaktive Stoffe eingesetzt, beispielsweise um in der Diagnostik anhand von Bildgebenden Verfahren, Schilddrüsenfehlfunktionen, Nierenentzündungen oder Knochenkrebs zu erkennen. Die diagnostischen Bilder aus solchen Untersuchungen kennen Sie vielleicht als Szintigramme. Aber was ist eigentlich Radioaktivität?

Im Wort Nuklearmedizin steckt „Nukleus", lateinisch für Kern. Damit ist der Kern eines Atoms gemeint, und zwar ein *radioaktiver* Atomkern. Ein solcher Atomkern ist nicht stabil, sondern er wandelt sich spontan und zufällig in einen anderen Atomkern um, man sagt: er zerfällt. Dabei gibt er Energie in Form von Strahlung ab. Manche sagen dazu „radioaktive Strahlung".

Auch wenn Sie es wohl nicht als besonders beruhigend empfinden: Radioaktivität gibt es natürlicherweise zu jeder Zeit und überall um uns herum und sogar in uns drin (vgl. Thema III.10). Wir reden tatsächlich über hautnahe Alltagsphysik. Im Erdboden befindet sich Radioaktivität, in der Luft, in Nahrungsmitteln und in unserem Körper, also überall. Etwa 10.000 solcher radioaktiven Zerfälle finden in jeder Sekunde in unserem eigenen Körper statt. Man sagt 10.000 Becquerel (Bq) dazu. Wie gesagt: natürlicherweise!

Jedes Strahlungsteilchen trägt Energie, ziemlich viel sogar. Wenn diese Energie im Körper verbleibt, kann es an Körperzellen Schäden anrichten, die zu Krebserkrankungen führen können. Die Wahrscheinlichkeit dafür ist zwar nicht besonders groß, aber nicht Null.

Früher hat sich der Strahlenschutz hauptsächlich um künstliche radioaktive Strahlung z. B. aus der Kerntechnik („Kern" bedeutet auch hier Atomkern) und aus der Medizin gekümmert. In den letzten Jahren wird aber zunehmend auch auf natürliche Radioaktivität geachtet, denn unserem Körper ist es völlig egal, ob ein Strahlungsteilchen künstlich oder natürlich ist, biologisch wirkt es ja vollkommen identisch.

Was passiert, wenn ein Atomkern zerfällt? Nehmen wir mal Kohlenstoff. Das ist ein Element, chemisch mit C abgekürzt. Der Kern eines normalen stabilen Kohlenstoffatoms hat 6 Protonen und 6 Neutronen. Protonen und Neutronen sind die Bausteine, aus denen sich alle Atomkerne des gesamten Universums zusammensetzen. Es gibt aber auch Kohlenstoffatomkerne, die haben 6 Protonen und 8 Neutronen, also insgesamt 14 Kernbausteine. Sie werden als C-14 bezeichnet. C-14 ist radioaktiv. Auch in unserem Körper befindet sich C-14. Nicht viel, sondern nur etwa 250 Mikrogramm über den ganzen Körper verteilt. Aber in jeder Sekunde zerfallen etwa 4.000 von diesen Kernen (also 4.000 Bq) und geben dabei Strahlung ab, deren Energie zum größten Teil in unserem Körper verbleibt.

Durch den radioaktiven Zerfall verschwindet die radioaktive Substanz mit der Zeit. Wenn nur noch die Hälfte davon vorhanden ist, ist eine „Halbwertszeit" vergangen. Nach einer weiteren Halbwertszeit ist nur noch die Hälfte von der Hälfte da (also 25 %) usw. Bei C-14 ist die Halbwertszeit immerhin 5.700 Jahre.

Wenn ein radioaktives Element zerfällt, wandelt es sich um und wird zu einem anderen Element. Im Mittelalter wollten die Alchemisten auch Elemente ineinander umwandeln, möglichst in Gold. Einige wurden reich, andere landeten auf dem Scheiterhaufen, aber Gold konnte keiner machen. Hätten sie damals die Radioaktivität gekannt, dann hätten sie, zumindest theoretisch, aus radioaktivem Quecksilber durch radioaktiven Zerfall Gold herstellen können. Allerdings rate ich Ihnen davon ab, es zu versuchen, auch wenn Sie jetzt Bescheid wissen: Sie werden nicht wirklich reich dadurch.

Wer hat die Radioaktivität erfunden? Es war vor allem Maria Skłodowska, eine stolze Polin, die zu Ehren ihres Heimatlandes eines der ersten von ihr entdeckten radioaktiven Elemente „Polonium" nannte. Sie war eine der wenigen Frauen überhaupt, die einen Nobelpreis erhielt. Und das sogar zweimal! Das gelang außer ihr bisher nur 3 Wissenschaftlern und keiner anderen Wissenschaftlerin. Sie kennen Maria Skłodowska vermutlich besser als Marie Curie.

Thema III.10 Radioaktivität in der Natur

Wenn man das schlimme Wort „Radioaktivität" hört, denkt man sofort an Atomkraftwerke und Kerntechnik. Doch Radioaktivität kommt wesentlich häufiger ganz normal in der Natur vor.

Radioaktivität spielt sich in einem Atom ab, genauer gesagt in einem Atom*kern*. Normalerweise bleibt bei allen physikalischen, chemischen und biologischen Prozessen ein Atomkern stets unverändert. Man sagt, der Atomkern ist stabil. Es gibt aber Atomkerne, die *nicht* stabil sind. Ein Atomkern dieser Sorte verändert sich ganz plötzlich, schlagartig und völlig unvorhersagbar und gibt im Augenblick seiner Umwandlung Strahlung ab. Diesen Prozess nennt man „radioaktiver Zerfall" und Atomkerne, die das tun, heißen „radioaktiv". Es gibt Atomkerne, die existieren völlig unverändert seit der Entstehung der Erde vor etwa 4,5 Milliarden Jahren und gerade jetzt, in dem Augenblick, in dem Sie dies gerade lesen, zerfällt einer davon – sogar wenn er bis gerade eben Bestandteil Ihres eigenen Körpers war. Und nicht nur einer! In der Zeit, die Sie zum Lesen dieses Themas brauchen, zerfallen unter Abgabe von „radioaktiver Strahlung" etwa eine Million (!!) Atomkerne in Ihrem Körper.

Man kann die Strahlung jedes einzelnen Zerfalls messen und zählen. In Ihrem Körper finden in jeder Sekunde etwa 10.000 solcher radioaktiven Zerfälle statt. Man sagt, Sie haben eine „Aktivität" von 10.000 Becquerel (Bq) in Ihrem Körper, und zwar Ihr Leben lang. Das klingt zunächst ziemlich beunruhigend. Aber es handelt sich dabei ausschließlich um *natürliche* Radioaktivität, die schon immer da war und immer da sein wird. Mehr noch: Diese und andere Sorten von radioaktiven Atomkernen gibt es nicht nur im menschlichen Körper, sondern überall und immer: im Erdboden, im Wasser, in der Luft und auch in allen Lebensmitteln. Wir essen, trinken und atmen und nehmen dadurch ständig Radioaktivität in uns auf.

Wenn im Körper in jeder Sekunde 10.000 radioaktive Zerfälle mit Strahlungsabgabe geschehen, wo bleibt diese Strahlung und welchen Schaden richtet sie an? Ein kleiner Teil davon verlässt den Körper nach außen. Wenn Sie so wollen, ist jeder von uns eine wandelnde Strahlenquelle. Der größte Teil jedoch verbleibt im Körper und kann dort die Körperzellen schädigen. Die Strahlenforschung schätzt, dass etwa 2 bis 3 % aller Krebserkrankungen auf diese natürlichen radioaktiven Prozesse zurückzuführen sein könnten. Ob dies aber tatsächlich so ist, wird sich vermutlich nie nachweisen lassen, da es ja kein Lebewesen ohne Radioaktivität gibt.

Die verschiedenen radioaktiven Substanzen in der Natur wirken sehr unterschiedlich. Im Körper und in Lebensmitteln sind es vor allem die radioaktiven Varianten der Elemente Kalium und Kohlenstoff mit ca. 100 Bq/kg. Im Wasser sind es u. a. Uran, Radium und Tritium mit etwa 10 Bq/L und in der Luft vor allem Radon mit 10 Bq/m^3 in der Außenluft und 50 Bq/m^3 in Innenräumen. Das radioaktive Radon in der Atemluft trägt den größten Anteil zur Strahlenbelastung bei.

Nehmen wir trotzdem mal das Tritium: Wenn man ein ganzes Jahr lang seinen gesamten Trinkwasserbedarf mit Wasser decken würde, das 50.000 Bq/L enthält, käme man ungefähr auf die Strahlenbelastung einer einzigen Röntgenuntersuchung. Das seit 2023 in den Pazifik geleitete mit Tritium kontaminierte Kühlwasser aus Fukushima hat direkt an der Ausleitungsstelle eine 30-fach geringere Aktivität, nämlich etwa 1.500 Bq/L.

Und noch eins: Wussten Sie, dass etwa die Hälfte der Wärme in der Erdkruste, die man bei der Nutzung der Geothermie im Zuge der Energiewende gewinnt, aus radioaktiven Zerfällen stammt? So gesehen zählt Radioaktivität also zu den erneuerbaren Energien!

Thema III.11 Schall und Co.

> Wir hören Töne, Klänge, Sprache und Musik. Wir kennen Knirschen, Knistern, Knallen und jede Menge anderer Geräusche. Alles das ist Schall.

Ein Schall, also etwas, das wir „hören" können, sind sehr kleine und sehr schnelle Änderungen des Luftdrucks. Ein leiser Schall bedeutet eine Schwankung des Luftdrucks um weit weniger als ein Milliardstel relativ zum normalen Luftdruck.

Diese unglaublich winzigen Änderungen des Luftdrucks erfolgen schnell, sehr schnell sogar: Bei einem Schall im gut hörbaren Bereich schwingt der Luftdruck 1.000 mal pro Sekunde. Man spricht dann von einer Schallfrequenz von 1.000 Hertz (Hz). Unser Ohr kann Frequenzen von 20 Hz (tiefe Töne) bis etwa 20.000 Hz (hohe Töne) wahrnehmen. Wenn man älter ist, hört das Hören der hohen Töne manchmal schon bei 12.000 oder gar bei 10.000 Hz auf. Musik, Sprache und nahezu alle anderen Töne aus unserer Umgebung setzen sich aus einer Vielzahl von gleichzeitigen Frequenzen, also aus einem Frequenz*gemisch* zusammen (vgl. Thema II.15). Wir erkennen einen Menschen an seiner Stimme, weil die einzelnen Frequenzen durch den individuellen Stimmapparat in ihren Anteilen ganz unverwechselbar zusammengemischt sind.

Schallwellen breiten sich in Luft mit einer Geschwindigkeit von etwa 340 m/s aus. Wenn also bei einem Gewitter gleichzeitig Blitz und Donner in 1 km Entfernung entstehen, sieht man den Blitz sofort, den Donner hört man aber erst nach ca. 3 Sekunden. Auch in Wasser können sich Schallwellen ausbreiten. Dort sind sie 5 mal schneller als in der Luft.

Wenn Schallwellen sich ausbreiten und auf ein Hindernis oder auf einen anderen Gegenstand treffen, dann werden sie teilweise ausgelöscht und teilweise reflektiert. Wie stark dies geschieht, hängt von der Frequenz ab. Da ein Schall aus einem Frequenzgemisch besteht, kann die Umgebung aus den Reflexionsanteilen der Frequenzen auf Gegenstände „abgetastet" werden. Blinde Menschen können auf diese Weise ihre Umgebung erstaunlich gut erkennen. Aber auch akustisch weniger geschulte Menschen können im Dunkeln nur aufgrund der Geräusche gut erkennen, ob sie sich in einem engen oder offenen Raum oder im Freien befinden.

Fledermäuse nutzen die unterschiedliche Absorption und Reflexion der Schallfrequenzen aus, indem sie einen kurzen „Schrei" mit sehr vielen Frequenzen ausstoßen. Sie hören dann das „Echo" hiervon und erkennen anhand der unterschiedlich reflektierten Schallfrequenzen etwaige Beutetiere in ihrer Umgebung. Je höher die Frequenz, desto kleinere Gegenstände können erkannt werden. Da die Insekten als Beutetiere ziemlich klein sind, sind hohe Frequenzen für diese Methode besonders vorteilhaft. Fledermäuse benutzen Frequenzen von 20.000 bis 120.000 Hz, also für uns unhörbar hohe Töne. Solchen Schall nennt man Ultraschall.

Auch in der Medizin wird der Ultraschall zur Erkennung von Strukturen im menschlichen Körper benutzt. Hier benutzt man Frequenzen von einigen Millionen Hertz (MHz). Unterschiedliche Organe oder Gewebe weisen unterschiedliche Reflexionen auf. Die Ärztin setzt die Schallsonde auf den Bauch der Schwangeren und gibt damit kurze Ultraschallpulse in den Körper. Die in den Organen des Embryos reflektierten Signale werden von der Sonde empfangen und zu einem Bild zusammengesetzt. Darauf ist dann die Stubsnase des kleinen Wesens, das einmal ein gesunder süßer kleiner Anton werden will, zu erkennen – ganz der Papa!

Thema III.12 Blitzeis und Schneedampf

Der Winter beschenkt uns mit einer wahren Pracht aus verschiedenen Erscheinungsformen von Wasser. Nicht nur Schnee und Eis, sondern auch die vielfältigen Übergänge von fest zu flüssig und gasförmig machen die Schönheit des Winters aus – manchmal sorgen sie aber auch für unangenehme Schwierigkeiten im Alltag.

Der Wetterbericht und die Katastrophen-Warn-Apps auf dem Handy warnen vor Blitzeis. Die damit verbundene Glätte auf den Straßen kann schmerzhafte Stürze und gefährliche Unfälle zur Folge haben. Blitzeis hat nichts mit Gewitter zu tun, aber immerhin ist Regen mit im Spiel. Häufig stellt man sich vor, dass der Regen auf kalten gefrorenen Boden trifft, dort unter 0 °C abkühlt und dann zu Eis wird. Das stimmt so aber nicht.

Um den Übergang von flüssigem Wasser zu festem Eis auszulösen, wird eine Art von initialer „Zündung" benötigt. Winzig kleine Unreinheiten im Wasser, z. B. kleinste Staubpartikel, können der Keim einer solchen Zündung des Gefriervorgangs sein. Fehlen solche Keime, kann ein Gefrieren nicht oder nur verzögert erfolgen. Da es sich bei Eis und Schnee um wunderschöne Kristalle handelt, spricht man dann von „Kristallisationskeimen". Normalerweise enthält jedes Wasser genug von solchen Unreinheiten, sodass die Eisbildung tatsächlich beim Erreichen des Gefrierpunkts von 0 °C erfolgt. Man kann aber sehr reines Wasser herstellen und weit unter den Gefrierpunkt abkühlen, ohne dass es zu Eis gefriert, nämlich wenn ihm solche Kristallisationskeime fehlen.

Es gibt Wetterlagen, in denen sich in den oberen Luftschichten Regen bildet, der dann beim Hinabfallen in wesentlich kältere Luftschichten gerät, in denen Temperaturen unter 0 °C herrschen. Wenn die Regentropfen sehr sauber sind und die Luft sehr rein, dann sind die unter 0 °C abgekühlten Regentropfen immer noch flüssig, weil ihnen die für das Gefrieren nötigen Kristallisationskeime fehlen. Wenn ein so unterkühlter Regentropfen auf den Boden trifft, wirkt das wie ein Kristallisationskeim und der Tropfen gefriert blitzartig. Es kann durch ein solches Blitzeis innerhalb kurzer Zeit eine dicke Eisschicht entstehen. Und auch so mancher Zweig erhält auf diese Weise einen bizarren Kristallmantel aus dickem Eis.

Aber kennen Sie auch Folgendes? Es hat geschneit und Sie haben unter großen Mühen den Schnee auf Ihrem Weg zu einem großen Haufen am Wegrand zusammengeschippt. In den nächsten Tagen beobachten Sie, dass der Haufen immer kleiner wird und langsam sogar ganz verschwindet – ohne dass Sie in dieser Zeit irgendwo eine Pfütze aus geschmolzenem Schnee entdecken konnten. Kann also Schnee, ohne zu schmelzen, einfach so verschwinden? Ja, das kommt bei klarem Hochdruckwetter und geringer Luftfeuchtigkeit durchaus vor. Schnee schmilzt dann nicht, sondern wird, ohne flüssig zu werden, sofort zu Wasserdampf, man könnte fast sagen zu „Schneedampf". Wenn ein fester Stoff, z. B. Eis oder Schnee, ohne flüssig zu werden, sofort in den gasförmigen und damit unsichtbaren Zustand („Schneedampf") übergeht und dabei scheinbar einfach so verschwindet, nennt man das „Sublimation". Denken Sie manchmal auch, dass die Geldscheine aus Ihrem Portemonnaie langsam, still und heimlich einfach so verschwinden? Bestimmt ist das auch irgendwie Sublimation.

IV In Maschinen

Thema IV.1 Warum braucht ein Elektroauto eigentlich keine Gangschaltung?

E-Autos funktionieren wirklich ganz anders als die vertrauten Verbrenner-Autos. Das bedeutet für die Herstellerfirmen enorme Anstrengungen und Umstrukturierungen, aber auch so mancher Fahrer muss sich mächtig umgewöhnen.

Angenommen, Sie haben eine Portion Kraft zur Verfügung (z. B. in Ihren Beinen), um Ihr Fahrrad anzutreiben. Wie setzen Sie Ihre wertvolle Kraft am besten ein? Sicherlich wäre es höchst ungünstig, wenn Sie gerade dann mit voller Kraft treten, wenn die Pedale entweder ganz oben oder ganz unten stehen. Sie merken sofort, dass Sie Ihre Kraft viel besser einsetzen können, wenn die Pedale waagerecht stehen. Dann können Sie voll in die Pedale treten. Anscheinend spielt der Winkel zwischen Kraft und Pedalgestänge eine wesentliche Rolle. Man spricht dabei vom „Drehmoment".

Außerdem merken Sie, dass Sie beim Anfahren besser viel „Pedalbewegung" und wenig „Fahrstrecke" haben wollen: Sie schalten einen kleinen Gang ein. Wenn Sie schon Fahrt aufgenommen haben, schalten Sie in einen höheren Gang und haben bei gleicher Kraft weniger Pedalbewegung bei mehr Fahrstrecke. Es geht also um die Übertragung von einer Auf- und Abbewegung der Kraft Ihrer Beine auf eine Kreisbewegung der Pedale und der Räder. Dies geschieht über eine Gangschaltung mit „Übersetzung" und einem Getriebe.

Bei einem Kraftfahrzeug erzeugt der Motor die Kraft, die das Fahrzeug antreiben soll. Bei einem typischen Verbrennungsmotor (Benzin oder Diesel) gibt es wie beim Fahrrad auch eine Auf- und Abbewegung, nämlich die eines zylinderförmigen Klotzes, des „Kolbens", in einem zylinderförmigen Becher, dem „Zylinder". Typischerweise haben Fahrzeuge 4 oder 6 solcher Zylinder. Das Volumen aller Zylinder zusammen ist der Hubraum. Je mehr Hubraum, desto mehr Kraftentwicklung. Da der Kolben im Zylinder auch ständig eine Auf- und Abbewegung macht, muss diese Bewegung genau wie beim Fahrrad in eine Kreisbewegung übertragen werden. Auch hierfür benötigt man ein Getriebe und eine Gangschaltung. Durch geschickte Anordnung der Zylinder kann jedoch im Gegensatz zum Fahrrad ein fast gleichbleibendes Drehmoment erreicht werden.

Wie kommt jetzt aber die Leistung des Motors auf die Straße? Leistung ist das, was man in Kilowatt (kW) angibt (früher in PS). Je mehr Leistung, desto stärker der Motor (oder die Fahrradfahrerin). Autos fahren typischerweise mit Leistungen von etwa 50 bis 100 kW, Radfahrerinnen mit etwa 0,1 kW. Bei normalen Verbrennungsmotoren wird die beste Kraftübertragung bei einer „optimalen" Drehzahl von etwa 2.000 bis vielleicht 5.000 Auf- und Abbewegungen des Kolbens pro Minute („Umdrehungen") erzielt. Wird dieser Drehzahlbereich unter- oder überschritten, muss man einen Gang herunter oder heraufschalten. Übrigens hat auch ein Automatikgetriebe eine Gangschaltung, eben nur eine automatische.

https://doi.org/10.1515/9783111453699-004

Bei einem Elektromotor gibt es keine Auf- und Abbewegung. Dort gibt es von Anfang an nur Drehbewegungen und das Drehmoment ist bei jedem Winkel exakt gleich. Es gibt auch keinen „optimalen" Drehzahlbereich oder besser gesagt, die Drehzahl ist *immer* optimal. Bei Elektromotoren steht daher die Kraftübertragung auf die Räder nahezu bei allen Drehzahlen sofort und ohne Übersetzung zur Verfügung. Dies trifft selbst beim Anfahren mit niedriger Drehzahl zu. Ein Elektromotor kann sich zudem auch rückwärts drehen und braucht daher auch keinen Rückwärtsgang.

Durch einen Elektromotor fließt Strom. Je mehr Strom, desto größer ist das Drehmoment und damit die Leistung und auch die Geschwindigkeit des Fahrzeugs. Wenn Sie im Elektroauto Gas geben, geben Sie eigentlich Strom. Mal sehen, ob sich der Sprachgebrauch bei uns irgendwann einmal entsprechend anpasst. Bei einer festen Spannung von 400 Volt und ordentlich Strom, sagen wir 150 Ampere („Gib Strom!"), bekommen Sie eine Leistung von 60 Kilowatt (400 Volt mal 150 Ampere gleich 60.000 Watt). Bei null Strom gibt es natürlich auch null Leistung. Das können Sie ja mal in Thema II.3 nachschauen.

Thema IV.2 Warum dampft und tropft es am Auspuff?

Frühmorgens im Herbst sieht man viele Autos, die eine Dampfwolke am Auspuff hinter sich herziehen. Und manchmal tropft der Auspuff sogar.

Britta-Nicole und ich bilden eine Fahrgemeinschaft. Ziemlich früh morgens holt sie mich ab und wir fahren gemeinsam in die Stadt. Nach einer Weile Autofahrt fällt mir etwas auf: „Sieh mal die Riesenwolke aus Wasserdampf am Auspuff bei dem Fahrzeug vor uns!" Britta-Nicole: „Das ist kein Wasserdampf". Sie ist morgens immer etwas maulfaul. Etwas irritiert frage ich nach: „Wieso nicht? Im Motor entsteht beim Verbrennen von Benzin doch Wasserdampf, oder?" – „Ja, das stimmt", entgegnet sie ziemlich entnervt, „es bildet sich zwar tatsächlich beim Verbrennen neben CO_2, Stickoxiden und anderen Stoffen hauptsächlich gasförmiges Wasser, also Wasserdampf. Aber das ist so durchsichtig wie Luft, also unsichtbar. Das, was wir da sehen, ist *nicht* Wasserdampf!"

Der Wasserdampf kommt vom Motor und wird über den Auspuff nach außen abgegeben. Wenn im Herbst morgens die Außenluft und das Auspuffmaterial noch kalt sind, „kondensiert" der Wasserdampf, d. h. das gasförmige Wasser wird zu flüssigem Wasser und es bilden sich in der Luft winzig kleine Wassertröpfchen, die wir als eine Art Nebel wahrnehmen. Wenn sich aus diesen kleinen Tröpfchen größere bilden, dann kann der Auspuff sogar richtig tropfen.

Ähnliches können wir beobachten, wenn wir mit warmer Atemluft, die ja auch Wasserdampf enthält, gegen eine kalte Scheibe hauchen, die dann mit einer dünnen Schicht kleiner Tröpfchen „beschlägt". Und auch der Dampf über einem Topf mit kochendem Wasser ist *kein* Wasserdampf, sondern besteht aus kleinen flüssigen Wassertröpfchen (vgl. Thema II.21). Den gasförmigen Wasserdampf, der beim Kochen auch entsteht, können wir dagegen nicht sehen.

„Du musst also zwischen unsichtbarem Wasserdampf und sichtbarem Dampf aus Wasser unterscheiden", erklärt Britta-Nicole. „Aha!", sage ich, „Pedantin!", denke ich.

Warum „kondensiert" eigentlich Wasserdampf, also gasförmiges Wasser? Heiße Luft, so wie sie aus dem Motor kommt, kann viel Wasserdampf aufnehmen. Kühlt die Luft am Auspuffende ab und gerät sie in die noch kältere Umgebungsluft, dann kann sie nicht mehr so viel davon enthalten. Sie muss den überschüssigen Wasserdampf also irgendwie loswerden. Sie tut das, indem das Wasser nicht mehr gasförmig bleibt, sondern flüssig wird, d. h. es „kondensiert".

Wir sind jetzt schon eine Weile gefahren. Immer noch dasselbe Auto vor uns. „Sieh mal, die Dampfwolke am Auspuff ist jetzt verschwunden", wundere ich mich. „Ja, jetzt ist der gesamte Auspuff heiß genug, um das Wasser gasförmig zu halten und auch so an die Außenluft abzugeben. Jetzt dampft nichts mehr und der Auspuff gibt nur Luft mit Wasserdampf ab, den wir ja nicht sehen können", entgegnet Britta-Nicole, jetzt schon etwas gesprächiger.

Nach langem Überlegen traue ich mich zu fragen: „Warum hat ein E-Auto eigentlich keinen Auspuff? Der verbrauchte Strom muss da doch auch irgendwie abgegeben werden. Es könnte doch eine Art Auspuff für verbrauchten Strom geben." Ich fliege fast durch die Windschutzscheibe, so heftig tritt Britta-Nicole auf die Bremse. Völlig entgeistert schaut sie mich von der Seite an: „Das fragst du doch wohl nicht im Ernst!" Ist die Frage so doof? Denken Sie z. B. an eine Straßenbahn oder einen ICE, der seinen Strom über die Oberleitung bezieht und über die Schiene wieder abgibt.

Aber das frage ich lieber ein anderes Mal.

Thema IV.3 Richtig Radwechseln

Wenn Sie selbst die Autoreifen wechseln, kennen Sie folgende Situation: Jedes halbe Jahr wieder den gleichen Ärger mit zu festsitzenden Radmuttern.

Natürlich: Radmuttern oder Radschrauben müssen richtig knallhart und so fest wie möglich angezogen sein! Wenn Sie jetzt bei Ihrem Auto die Winterreifen aufziehen, nehmen Sie einen Schraubenschlüssel (z. B. einen M14er) oder einen Kreuzschlüssel, stecken ihn auf die Mutter oder die Schraube und ziehen ihn mit aller Kraft an. Hmm, wirklich? Nächsten Frühling, wenn Sie wieder die Sommerreifen montieren wollen, haben Sie den Ärger: Viel zu festsitzende Schrauben, ausgefranste Schraubenköpfe oder beschädigte Gewinde. Jedes Mal kommen Sie erneut ins Grübeln: Wie fest soll man eigentlich so eine Schraube anziehen?

Eine Schraube darf natürlich nicht zu locker sein, damit sie sich bei Beanspruchung nicht von selbst löst. Sie darf aber auch nicht zu fest sein, damit man sie später ohne Schaden auch wieder lösen kann. Wie fest eine Schraube angezogen wird, hängt von der Länge des Schraubenschlüssels ab und von der Kraft, die man einsetzt. Beim Lösen einer Schraube reicht manchmal die eigene Muskelkraft nicht aus. Dann kann man ein Rohr über den Schraubenschlüssel stecken und damit dessen Länge vergrößern. Man sitzt dann sprichwörtlich „am längeren Hebel" und kann damit mehr wirksame Kraft an der Schraube ausüben. Wenn man die ausgeübte Kraft mit der Länge des Hebels multipliziert, erhält man die zum Anziehen (oder zum Lösen) wirksame Kraft. Das nennt man dann das „Drehmoment". Um das gleiche Drehmoment und damit die gleiche Anzugsfestigkeit einer Schraube zu erzielen, kann man entweder viel Kraft bei einem kurzen Hebel oder wenig Kraft bei einem langen Hebel aufwenden.

Mit viel Armmuskelkraft und Einsatz des ganzen Körpers kann man Kräfte von etwa 600 Newton (N) aufbringen. Zieht man damit an einem 0,5 Meter langen Hebel (z. B. einem Schraubenschlüssel), so ergibt das ein Drehmoment von 300 Newtonmeter (Nm). Dasselbe erhält man auch für eine Kraft von 300 N und 1 Meter Hebellänge. Newtonmeter ist die Einheit für das Drehmoment.

Es gibt spezielle Schraubenschlüssel, mit denen man ein bestimmtes Drehmoment einstellen kann, sogenannte „Drehmomentschlüssel". Für eine M14-Radschraube ist z. B. ein Drehmoment von 120 Nm notwendig. Stellt man diesen Wert ein und zieht damit die Schraube fest, dann weiß man: Die Schraube sitzt! Nicht zu locker und nicht zu fest.

Auch andere wirksame Kräfte bei Drehbewegungen werden durch ihr Drehmoment gekennzeichnet. Ein Elektromotor in einem E-Auto liefert z. B. ziemlich konstant etwa 250 Nm. Das ist eine praktische Sache, wenn einen die Leistung des E-Autos interessiert. Diese wird nämlich durch das Drehmoment und die Drehgeschwindigkeit (Drehzahl) des Motors bestimmt. Bei einer Drehzahl von 2.400 Umdrehungen pro Minute bzw. 40 Umdrehungen pro Sekunde ergibt sich die Motorleistung einfach aus der Multiplikation: 250 Nm mal 40 pro Sekunde mal 2π ist gleich 60.000 Watt (W) oder 60 Kilowatt (kW).

Noch ein schönes Beispiel: Die Rotoren einer Windkraftanlage bringen ein enormes Drehmoment von 1 Million Nm. Bei einer Umdrehung in 5 Sekunden (0,2/s) ergibt das eine Leistung von 1,2 Million Watt, also 1,2 Megawatt (MW). Das ist der Dreh mit dem Drehmoment!

Zum Nachrechnen

Das Drehmoment M mit der Einheit Newtonmeter (Nm) setzt sich aus der Kraft F mit der Einheit Newton (N) und der Länge des „Hebelarms" L zusammen:

$$M = F \cdot L \cdot \cos\varphi$$

Dabei ist φ der Winkel zwischen der Richtung der Kraft und der Richtung des Hebelarms. Der optimale Winkel ist $\varphi = 90°$, denn dann ist $\cos\varphi = 1$ und das Drehmoment M maximal.

z. B.: $M = 600\,\text{N} \cdot 0{,}5\,\text{m} = 300\,\text{N} \cdot 1\,\text{m} = 300\,\text{Nm}$

Die Leistung P in Einheiten Watt (W) für Drehbewegungen kann man als Produkt aus Drehmoment M und Drehgeschwindigkeit ω bzw. Drehzahl n mit der Einheit 1 pro Sekunde (1/s) angeben:

$P = M \cdot \omega = M \cdot 2\pi \cdot n$

z. B.: $P = 250\,\text{Nm} \cdot 40/\text{s} \cdot 2\pi \approx 60.000\,\dfrac{\text{Nm}}{\text{s}} = 60\,\dfrac{\text{kWs}}{\text{s}} = 60\,\text{kW}$

oder: $P = 10^6\,\text{Nm} \cdot 0{,}2/\text{s} \cdot 2\pi = 1{,}2 \cdot 10^6\,\text{W} = 1{,}2\,\text{MW}$

Thema IV.4 Pack den Tiger in den Tank!

Das war ein kraftvoller Werbespruch einer Benzinfirma aus den 1970er Jahren. Doch das wäre weder artgerechte Tierhaltung noch physikalisch sinnvoll.

Ein Benzin- oder Dieselauto hat einen etwa 60 kg schweren Tank mit Kraftstoff, der etwa 700 kWh Energie enthält. Das ergibt eine Energiedichte von Benzin oder Diesel von grob 12 kWh/kg. Das ist sehr viel mehr als das, was ein Tiger zu bieten hat. Also war es schon damals eher besser Benzin im Tank zu haben als einen Tiger. Heute stellt sich die Frage nach der Energiedichte mit ganz anderer Bedeutung erneut.

Ein mobiles Fahrzeug muss ja seinen Energiespeicher immer mit sich herumschleppen und allein dafür ohne einen anderen Nutzen eine Menge Energie einsetzen. Ein „Energiespeicher" ist das Material oder der Stoff, in dem die Energie zum Fahren steckt: in einem Verbrennerauto ist es der Kraftstoff (Benzin oder Diesel), bei einem E-Auto die Batterie oder bei einem künftigen Wasserstoffauto der Wasserstoff (H_2). Je mehr „Ballast" durch den Energiespeicher, desto mehr Verbrauch an Energie. Pro 100 kg braucht ein Fahrzeug etwa 5 % mehr Energie.

Die Batterie eines E-Autos wiegt mit 600 kg etwa 10-mal mehr als der Tank eines Verbrenners und 50-mal mehr als der Tank eines künftigen H_2-Autos. D. h. allein für den permanenten Transport der Batterie braucht ein E-Auto etwa 30 % seiner Energie gegenüber 3 % beim Verbrenner und weniger als 1 % bei H_2. Und mehr noch: Obwohl die Batterie viel schwerer ist als ein Tank, kann sie viel weniger Energie speichern. Die Energiedichte einer Batterie ist mit 0,15 kWh/kg fast 100-mal kleiner als die von Benzin und 200-mal kleiner als die von H_2. Angesichts dieser schlechten Bilanz: Warum um Himmels Willen setzt man derzeit so sehr auf Elektromobilität? Natürlich ist der Hauptgrund, dass wir von „fossilen" Energieträgern (Öl, Gas, Benzin, Diesel usw.) wegkommen wollen – und müssen! Doch abgesehen von dieser komplexen Thematik: Ist die „Energiebilanz" von E-Autos wirklich so schlecht?

Ein E-Auto schleppt zwar mit seiner Batterie viel Masse mit sich herum, kann aber deren gespeicherte elektrische Energie viel besser nutzen. Im Elektromotor kann elektrische Energie direkt und ohne viel Verlust in Bewegungsenergie umgesetzt werden. Im Verbrennungsmotor wird dagegen Benzin oder Diesel erst verbrannt, dann deren Energie in Druck und Wärme umgewandelt und schließlich in einen Bewegungsprozess überführt, was weit weniger effizient ist. So kommt es, dass ein schweres E-Auto trotzdem etwa 4-mal weniger Energie braucht als ein leichtes Verbrennerauto. Allerdings ist z. Zt. Strom an der Ladesäule fast doppelt so teuer wie Benzin (umgerechnet in kWh). Dennoch ist ein E-Auto mit grob 7 €/100 km noch deutlich sparsamer als ein Verbrenner mit etwa 14 €/100 km.

Für H_2-Autos könnte die Bilanz künftig noch wesentlich besser ausfallen: Wasserstoff hat nämlich eine noch größere Energiedichte als Benzin und ist zusätzlich mindestens ebenso effizient in Bewegungsenergie umsetzbar wie Strom in einem E-Auto.

Bei all dem geht es aber nur um eine für mobile Fahrzeuge geeignete *Speicherung* von Energie. Wie und wo diese herkommen soll, steht auf einem ganz anderen Blatt. Tiger, Bären oder Büffel wollen wir dafür aber lieber nicht drangsalieren. Die Natur haben wir ja schon viel zu viel ausgebeutet.

Thema IV.5 Wie funktioniert eigentlich ein Induktionsherd?

Übliche Herdplatten werden heiß. Bei einem Induktionsherd wird Hitze aber ganz anders erzeugt.

Da bekomme ich einen Riesenschreck: Klaus-Otto legt seine Hand auf die Herdplatte, auf der gerade vorher ein Topf Wasser mit Spaghetti zum Kochen gebracht worden war. Doch statt aufzuschreien, lächelt er nur und triumphiert: „Ich habe jetzt einen Induktionsherd!" Ich tippe vorsichtig mit der Fingerspitze auf die Herdplatte. Sie ist tatsächlich kaum heißer als die Tischplatte nebenan.

„Wieso kann der Herd das Wasser ohne Hitze zum Kochen bringen?", will ich wissen. Klaus-Otto kennt sich mit Haushaltstechnologie aus: „Die elektrische Energie wird ohne Erhitzung der Herdplatte direkt in Wärmeenergie im Topf übertragen. Man nennt das Induktion."

In einer üblichen Herdplatte fließt Strom durch einen spiral- oder schlaufenförmig gelegten Draht, der dadurch heiß wird und zu glühen beginnt. Auf dem Keramikkochfeld eines Ceranherds kann man das auch direkt beobachten. Der heiße Draht des Kochfelds macht die ganze Platte heiß. Wenn man einen Topf Wasser auf die Platte stellt, überträgt sich die Hitze auf den Topf und von da aus auf das Wasser. Es fließt ziemlich viel Strom durch den Heizdraht der Kochplatte: 3 Ampere (A) können es schon sein. Bei einer dreiphasigen Herdspannung von 400 Volt (V) entspricht das einer Herdleistung von 1.200 Watt (Volt mal Ampere ist gleich Watt).

Ich will auch schlau sein und bemerke: „Der Herd ist der hauptsächliche Stromschlucker im Haushalt. Wenn man täglich eine Stunde lang kocht, macht das im Jahr knappe 450 Kilowattstunden (kWh), für die man immerhin 150 Euro bezahlen muss." Aber mich interessiert: „Gibt es denn in einem Induktionsherd keine Heizspule?" Klaus-Otto gibt sich viel Mühe mit mir: „Es gibt auch dort eine Spule, durch die Strom fließt. Aber die Spule wird nicht heiß. Sie gibt ihre Energie auch nicht in Form von Wärme ab."

Der Strom in der Herdspule wechselt ständig und sehr schnell seine Richtung, etwa 50.000-mal in der Sekunde. Man spricht von 50.000 Hertz (Hz) oder 50 kHz Wechselstrom. Das bewirkt, dass an das elektrische Feld noch ein magnetisches Feld angekoppelt wird. Beide Felder zusammen bezeichnet man als ein elektromagnetisches Feld (EMF), mit dem Energie übertragen werden kann.

Das funktioniert ganz grob wie bei einer Radio- oder Handy-Antenne, allerdings bei ganz anderen Frequenzen, mit viel größerer Leistung und viel geringerer Reichweite.

Die EMF-Energie wird von der Herdspule abgegeben und direkt auf den Topf oder die Bratpfanne übertragen. Topf oder Pfanne werden durch die aufgenommene Energie heiß und man kann dann wie gewohnt kochen oder braten, jedoch ohne, dass die Herdplatte selbst dabei erhitzt wird. Wichtig für das „induktive Kochen" sind allerdings die richtigen Töpfe. Es funktioniert nur mit „ferromagnetischem" Kochgeschirr. Wenn man so etwas gerade nicht hat, kann man eine kleine (ferromagnetische) Adapterplatte unter den sonst ungeeigneten Topf schieben, dann klappt das auch.

Jetzt wird aber Klaus-Otto nervös: „EMF? Handystrahlung? Gibt ein Induktionsherd etwa Strahlung ab?" – „Ja, das tut er tatsächlich. Aber das ist harmlos."

In diesem Augenblick kocht das Spaghettiwasser über. „Macht nichts", beruhigt Klaus-Otto, „es brennt nichts auf der Platte an", und wischt den Spaghettischaum einfach ab.

Zum Nachrechnen

Die elektrische Leistung P mit der Einheit Watt (W) kann aus Spannung U mit der Einheit Volt (V) und dem Strom I mit der Einheit Ampere (A) berechnet werden:

$$P = U \cdot I \quad \text{z. B.:} \quad P = 400\,\text{V} \cdot 3\,\text{A} = 1.200\,\text{VA} = 1.200\,\text{W} = 1{,}2\,\text{kW}$$

Die Energie E lässt sich aus Leistung mal Zeit t berechnen:

$$E = P \cdot t \quad \text{z. B.:} \quad E = 1{,}2\,\text{kW} \cdot 1\,\text{h/Tag} \cdot 365\,\text{Tage} = 438\,\text{kWh}$$

Thema IV.6 Palettenheber

Wie man schwere Lasten hebt, schiebt, lenkt und deponiert.

Mit 16 Jahren habe ich mir Geld als Lagerist in einer Fleischfabrik verdient. Zu meinen Aufgaben gehörte es, Paletten mit Salz und Gewürzen im Lagerhaus zu sortieren, zu den jeweiligen Ablageorten zu transportieren und dort möglichst platzsparend abzustellen. Das war manchmal fast wie rückwärts einparken. Mein Arbeitsgerät war ein mechanischer Palettenheber, manchmal auch als Handhubwagen bezeichnet.

Ein Palettenheber besteht aus zwei langen parallelen Metallgabeln („Hub- oder Gabelzinken"), die an der Basis U-förmig durch einen Sockel mit Aufbau miteinander verbunden sind. Unter den Enden der Gabelzinken, sowie unterhalb des Sockels befinden sich Lastrollen, die angehoben und abgesenkt werden können. Am Sockel befindet sich eine Art „Deichsel", also ein Gestänge mit Handgriff, mit dem man den gesamten Palettenheber ziehen, schieben und lenken kann.

Eine Palette mit Ware wiegt gut und gerne einige 100 kg, vielleicht sogar eine Tonne und mehr. Wenn sie irgendwo herumsteht, ist sie so gut wie nicht zu bewegen. Sie muss also irgendwie „fahrbar" gemacht werden, man muss ihr also Räder verpassen. Diesen Job übernimmt der Palettenheber. Der Lagerist schiebt die Gabelzinken in die dafür vorgesehenen Hohlräume der Palette. Jetzt müssen die Gabelzinken samt Palette mit Ware angehoben werden, damit sie sich vom Boden lösen können und das gesamte Gewicht nur noch auf den Rädern lastet. Und das geschieht per Muskelkraft! 500 kg

Palettengewicht bedeutet eine Gewichtskraft von 5.000 Newton (N), vgl. Thema I.7. Ein Mensch kann aber mit Ach und Krach nur Kräfte von vielleicht 2.000 N aufbringen, die Armmuskulatur nur etwa 600 N. Aber ein Mensch hat ja zum Glück auch Physik.

Beim Palettenheber werden zwei verschiedene Prinzipien der Kraftübertragung ausgenutzt: Das Druckprinzip (hydraulisches Prinzip) und das Hebelgesetz. Beides erfolgt über die Deichselstange, die mit den Händen wie ein Hebel auf- und abbewegt werden kann. Zum einen überträgt man mit nur wenig Muskelkraft mittels eines langen Hebels (Deichselgestänge) die Kraft über einen kurzen Hebel im Sockel des Hubwagens auf einen Pumpenkolben. Wenn der lange Hebel 10-mal länger ist als der kurze, dann hat man bereits eine 10-fache Kraftübertragung.

Zum anderen wird der Druck des Pumpenkolbens über eine hydraulische Flüssigkeit (z. B. Öl) auf einen Hubkolben (ebenfalls im Sockel) übertragen. Beide Kolben haben unterschiedliche Durchmesser bzw. Flächen. Druck ist Kraft pro Fläche (s. Themen I.4, I.7 und II.18). Wenn also die Fläche des Pumpenkolbens 5-mal kleiner ist als die des Hubkolbens, dann ergibt sich eine 5-fache Kraftverstärkung. Der hydraulische Druck (Faktor 5) und das Hebelgesetz (Faktor 10) ergeben also insgesamt eine 50-fache Kraft, die über den Hubkolben auf die Palette samt Warenlast zur Wirkung gebracht werden kann.

Betrachten wir auch mal die Energie des Ganzen. Energie ist Kraft mal Weg. Wenn die Palette (Gewichtskraft 5.000 N) um 4 cm (0,04 m) angehoben wird, ergibt sich eine für das Anheben notwendige Energie von 200 Joule (1 J = 1 Nm). Diese Energie muss per Muskelkraft über das Handgestänge aufgebracht werden. Wenn man den Handgriff 4-mal auf- und abbewegt, hat man mit der Hand einen „Gesamtweg" von etwa 2 m zurückgelegt. Um 200 J zu erreichen, ist also nur eine Kraft von 100 N nötig (100 N mal 2 m = 200 Joule), also ebenfalls 50-mal weniger als die Gewichtskraft. Das kann durchaus auch ein schmächtiger 16-Jähriger aufbringen.

Zum Nachrechnen

Die Gewichtskraft F_G mit der Einheit Newton (N) eines Gegenstands hängt mit seiner Masse m zusammen:

$$F_G = m \cdot g = m \cdot 9{,}81 \text{ m/s}^2$$

Zum Beispiel für eine Masse mit 500 kg:

$$F_G = 500 \text{ kg} \cdot 9{,}81 \text{ m/s}^2 \approx 5.000 \text{ kg} \cdot \text{m/s}^2 = 5.000 \text{ N}$$

Das „Hebelgesetz" ist eine Spezialform des Drehmoments (vgl. Thema IV.1). Das Produkt aus Kraft F und Hebelarm L ist das Drehmoment M mit der Einheit Newtonmeter (Nm) und ist beim Hebelgesetz konstant:

$$M = F_1 \cdot L_1 = F_2 \cdot L_2$$

Wenn der Hebel L_2 10-mal so lang ist wie der Hebel L_1, so ist die Kraft F_2 10-mal so klein wie F_1:

$$F_2 = \frac{F_1 \cdot L_1}{L_2} = F_1 \frac{L_1}{10 \cdot L_1} = 0{,}1 \cdot F_1 = 0{,}1 \cdot 5.000 \text{ N} = 500 \text{ N}$$

Der hydraulische Druck P mit der Einheit N/m^2 ist die Kraft F, die auf eine Fläche a wirkt:

$$P = \frac{F_3}{a_3} = \frac{F_2}{a_2}$$

Wenn die Fläche a_2 5-mal größer ist als die Fläche a_3, dann ist die Kraft F_3 5-mal kleiner als F_2:

$$F_3 = F_2 \frac{a_3}{a_2} = F_2 \frac{a_3}{5 \cdot a_3} = 0{,}2 \cdot F_2 = 0{,}2 \cdot 500\,\text{N} = 100\,\text{N}$$

Insgesamt hat sich mit Hebelgesetz und hydraulischem Druck eine 50-fache Kraftübertragung ergeben:

$$F_1 = 10 \cdot F_2 = 10 \cdot 5 \cdot F_3 = 50 \cdot F_3$$

Dabei ist F_1 die Gewichtskraft der Palettenlast und F_3 die Kraft, die der Mensch aufbringen muss. Die Energie E mit der Einheit Joule (J) berechnet sich wie folgt:

$$E = F \cdot x = 5.000\,\text{N} \cdot 0{,}04\,\text{m} = 100\,\text{N} \cdot 2\,\text{m} = 200\,\text{Nm} = 200\,\text{J}$$

x ist dabei der mit der Kraft zurückgelegte Weg.

Thema IV.7 Ein heikles Thema: Atomkraft!

In Deutschland wurden Ende des Jahres 2022 alle AKWs abgeschaltet. In Frankreich dagegen sorgten 57 AKWs für über 70 % der Stromversorgung. Funktioniert die Physik dort anders?

Ein Atom besteht aus einem „Kern" und einer Hülle. Kern heißt auf Lateinisch „Nukleus". Wenn also von „nuklear" in irgendeiner Form die Rede ist, dann ist damit der *Atom*kern gemeint. Ein Atomkern ist aus einzelnen Kernbausteinen zusammengesetzt. Je schwerer ein Atom ist, desto mehr dieser Kernbausteine enthält es. Während z. B. der Kern eines Wasserstoffatoms nur einen einzigen Baustein hat, besitzt Sauerstoff 16 davon, Gold hat 197 und Blei 207. Die Kraft, die all diese Kernbausteine zusammenhält, ist die Kernkraft – sie ist die mit Abstand stärkste Kraft, die es in der Natur überhaupt gibt.

Wenn ein schwerer Atomkern, z. B. der von Uran mit 235 Kernbausteinen, in etwa zwei gleich große Bruchstücke auseinanderbricht, dann wird dabei eine enorme Menge von Energie frei. Man spricht dann von „Kernspaltung". Eine solche Kernspaltung passiert nicht von alleine (für Kenner: man braucht Neutronen dafür). Die dazu notwendigen Prozesse werden in einem Kernkraftwerk herbeigeführt, das oft jedoch etwas ungenau als „Atomkraftwerk (AKW)" bezeichnet wird.

Interessant ist: Kernspaltung, also das, was in AKWs passiert, hat zunächst nichts mit Radioaktivität zu tun. Auch in einem ganz normalen stabilen Atomkern, z. B. von Blei, steckt Energie, die man durch Kernspaltung im Prinzip freisetzen könnte. Doch andere nötige Prozesse (z. B. der Bedarf an Neutronen) führen dazu, dass in der Praxis dafür das schwach radioaktive Uran eingesetzt wird. Es ist aber nicht die Radioaktivität des eingesetzten Urans, die Probleme bereitet, sondern die Radioaktivität der Stoffe, die durch die Uranspaltung erst entstehen. Das sind die sogenannten radioaktiven „Spaltprodukte".

Wie stark die Kernkraft ist und wie viel Energie sie liefern kann, wusste man schon vor 100 Jahren: 1 Gramm Uran beinhaltet so viel Energie wie 2 Tonnen Benzin (2 Millionen mal mehr). Man kann sich heute die Euphorie mancher Ingenieure aus den 50er und 60er nur schwer vorstellen, sogar Fahrzeuge mit „Atommotoren" zu entwickeln, die nie mehr tanken müssen und mit denen man nahezu unbegrenzt umherfahren kann. Für 200.000 km braucht man 10.000 Liter Benzin, aber nur 5 Gramm Uran. Das Ganze auch noch völlig CO_2-frei.

Auf heutige AKWs bezogen kann die enorme Energiedichte von Uran allerdings durchaus noch ein Argument sein: Um 1 kWh Strom zu erzeugen, wird nur 0,1 mg Uran benötigt (weit weniger als ein Staubkorn), das allerdings auch entsorgt werden muss. Ein Gaskraftwerk braucht etwa 500.000 Tonnen Erdgas pro Jahr und erzeugt 2.000.000 Tonnen CO_2 als problematischen Abfall. Ein AKW braucht dagegen nur rund 20 Tonnen Natururan (enthält etwa 200 kg spaltbares Uran) und erzeugt etwa 30 Tonnen radioaktiven Abfall. CO_2 fällt dabei so gut wie keines an. Das ist in Frankreich natürlich nicht anders als in Deutschland.

Und Strahlung? Unfälle? Strahlenkrebs? Entsorgung des radioaktiven Mülls? Sind das etwa keine Probleme? Doch, allerdings! An Strahlenschutzthemen hat der Autor dieser Zeilen jahrzehntelang mitgearbeitet und sich bereits häufig dazu geäußert. Aber das passt nicht recht in dieses Büchlein.

Thema IV.8 Wie funktioniert Röntgen?

Röntgenstrahlen sind eines der wichtigsten Untersuchungsarten in der medizinischen Diagnostik. Allein in Deutschland werden etwa 150 Millionen Röntgenuntersuchungen pro Jahr durchgeführt. Doch wie funktioniert eigentlich eine Röntgenröhre?

In dem riesigen Apparat, den Sie vielleicht noch von Ihrer letzten Röntgenuntersuchung in Erinnerung haben, gibt es ein verblüffend einfaches Bauteil: Stellen Sie sich einfach eine vielleicht 10 cm große Glühbirne vor. Der kleine Glühdraht befindet sich dort aber nicht in der Mitte, sondern eher am inneren Rand. Wenn Strom durch den Glühdraht fließt, lösen sich einige der Teilchen des Drahtes (die „Elektronen"), fallen aber sofort wieder dorthin zurück. Beim Zurückfallen senden sie Lichtteilchen aus und somit leuchtet die Glühbirne.

Jetzt stellen sie sich innerhalb der Glühbirne – am gegenüberliegenden inneren Rand – eine Metallplatte vor, die Sie unter Hochspannung mit 100.000 Volt setzen. Jetzt fallen die „Elektronen" nicht mehr auf den Glühdraht zurück, sondern werden zu der Metallplatte hingezogen – sie werden beschleunigt. Sie werden *enorm* beschleunigt: Wenn sie am Glühdraht noch die Geschwindigkeit Null hatten, dann haben sie beim Erreichen der Metallplatte eine Geschwindigkeit von 200.000 km/s! Mit dieser enormen Geschwindigkeit (immerhin etwa 2/3 der Lichtgeschwindigkeit) knallen sie auf die Metallplatte. Davon wird diese vor allem eins: nämlich heiß! 99 % der Energie wird zu Wärme umgewandelt. Damit haben wir aber noch keine Röntgenstrahlung. Nur etwa 1 % dieser hyperschnellen Elektronen geben ihre Energie nicht in Form von Wärme ab, sondern wandeln diese in „Lichtteilchen" um. Im Gegensatz zu den „normalen" Lichtteilchen des Glühdrahts können wir diese Lichtteilchen nicht sehen. Sie haben viel mehr – etwa 100.000-fach mehr – Energie als sichtbare Lichtteilchen. Diese energiereichen „Lichtteilchen" sind Röntgenstrahlen und die „Glühbirne mit Metallplatte" ist die Röntgenröhre.

Was ist aber die besondere Eigenschaft der Röntgenstrahlung? „Normale" sichtbare Lichtstrahlen treffen auf einen Gegenstand oder einen Körper, werden an dessen Oberfläche reflektiert und treffen dann auf unser Auge, das auf diese Weise diesen Gegenstand sieht. Im Gegensatz zu den Lichtstrahlen können Röntgenstrahlen in einen Gegenstand oder in einen Körper eindringen und ihn auch durchdringen. Allerdings werden sie dabei geschwächt, d. h. ihre Intensität wird geringer. Wie stark sie geschwächt werden, hängt von der inneren Struktur des Körpers ab. Knochen schwächen die Röntgenstrahlen stärker ab als beispielsweise Muskel- oder Fettgewebe. Werden die Röntgenstrahlen nach dem Durchdringen des Körpers aufgefangen und deren Intensität auf einem (heutzutage digitalen) Röntgenfilm dargestellt, so erhält man ein Röntgenbild von den inneren Strukturen des Körpers. Wenn man das Ganze 3-dimensional macht, so erhält man ein CT. Für ein CT-Bild werden also auch Röntgenstrahlen nach dem gleichen Prinzip wie oben beschrieben benutzt. Die Strahlendosis für ein CT ist allerdings etwa 100-mal größer als die für ein konventionelles Röntgenbild. Die Aufnahme eines CTs muss also von der Ärztin nach den Grundsätzen des Strahlenschutzes besonders gut begründet und gerechtfertigt sein.

Wilhelm Conrad Röntgen hat diese Strahlen natürlich nicht Röntgenstrahlen genannt, als er sie 1895 entdeckte. Er nannte sie X-Strahlen, und so werden sie in nicht-deutschsprachigen Ländern noch heute genannt. Röntgen hat seine bahnbrechende Entdeckung nie zum Patent angemeldet. Er war der Auffassung, dass seine Entdeckungen „der Allgemeinheit gehören und nicht durch Patente, Lizenzverträge und dergleichen einzelnen Unternehmen vorbehalten bleiben dürften". Alle Achtung, oder? 1901 erhielt Röntgen den ersten Physiknobelpreis der Wissenschaftsgeschichte. Das Preisgeld von 50.000 schwedischen Kronen vermachte er der Universität Würzburg „zur freien Verwendung". Schade, dass er zum Zeitpunkt seiner Entdeckung nicht mehr an der Universität Gießen lehrte. Hätte es damals schon die Technische Hochschule Mittelhessen (THM) in Gießen gegeben, wäre die Sache vielleicht anders ausgegangen.

Thema IV.9 Warum gibt es Radioaktivität in der Medizin?

Mittels radioaktiver Stoffe werden in der Medizin Bilder z. B. von der Schilddrüse oder der Niere gemacht, damit Funktionsstörungen oder Erkrankungen erkannt werden können.

Für die Diagnostik sind Bilder von Organen oder vom Inneren des Körpers ein ganz entscheidendes Hilfsmittel. Die häufigsten solcher „Bildgebenden Verfahren" sind Röntgenuntersuchungen mit etwa 150 Millionen Untersuchungen pro Jahr in Deutschland. Dazu gehört übrigens auch CT (Computer-Tomographie), für das ebenfalls Röntgenstrahlen verwendet werden. Röntgenverfahren eignen sich besonders gut, wenn man an der Darstellung von Körper- oder Organstrukturen oder an anderen anatomischen Merkmalen interessiert ist. Bei Röntgenstrahlen handelt es sich aber *nicht* um Radioaktivität.

Manchmal ist man nicht nur an der Anatomie, sondern auch an der *Funktion* eines Organs interessiert. Beispielsweise sind manche Gesundheitsstörungen auf die Über- oder Unterfunktion der Schilddrüse zurückzuführen. Auf einem Röntgenbild ist das schwer zu erkennen. Deshalb geht man in solchen Fällen anders vor.

Vielleicht haben Sie in einer Klinik schon einmal die Abteilung „Nuklearmedizin" gesehen. Im Wort Nuklearmedizin steckt „Nukleus", lateinisch für Kern. Gemeint ist damit der *Atom*kern. Genauer gesagt, sogar ein *radioaktiver* Atomkern. Um also ein Bild zur Funktion Ihrer Schilddrüse anzufertigen, wird Ihnen doch tatsächlich eine radioaktive Substanz gespritzt!

Ein radioaktiver Atomkern ist nicht stabil, sondern er wandelt sich spontan und zufällig in einen anderen Atomkern um, man sagt: er zerfällt (vgl. Thema III.9). Dabei gibt er Energie in Form von Strahlung ab. Manche sagen dazu „radioaktive Strahlung".

Es gibt eine ganze Reihe verschiedener radioaktiver Atomsorten in der Nuklearmedizin. Die wichtigste heißt Technetium-99. Ein solches Atom wird chemisch an eine Substanz angeheftet, deren Stoffwechsel Aussagen über die Funktion eines bestimmten Organs ermöglicht. Es kann z. B. sein, dass sich diese Substanz mit seinem angekoppelten Technetium-99 in diesem Organ krankheitsbedingt anreichert. Dort „zerfällt" der radioaktive Stoff und gibt Strahlung ab, die aus dem Organ heraus durch den Körper hindurch nach außen dringen kann. Außen wird diese Strahlung („Gamma-Strahlung" genannt) von einem Detektor registriert und zu einem Bild zusammengefügt. Man erkennt darauf die Stellen im Organ, aus denen viel Gamma-Strahlung kam und demzufolge die interessierende Substanz stark angereichert war. Die diagnostischen Bilder aus solchen Untersuchungen kennen Sie vielleicht als Szintigramme zur Diagnostik von Schilddrüsenfehlfunktionen, Nierenentzündungen, Herzmuskeldurchblutung oder Knochenkrebs.

Die radioaktive Substanz bleibt glücklicherweise nicht lange im Körper. Zum einen wird sie aufgrund normaler Stoffwechselvorgänge wieder ausgeschieden, zum anderen nimmt die Radioaktivität mit der Zeit ab. Man spricht von einer „Halbwertszeit", nach der von einer Anfangsmenge noch die Hälfte vorhanden ist. Bei Technetium-99 sind das für beide Effekte zusammen etwa 2,5 Stunden. Nach 5 Stunden ist dann noch ein Viertel da, nach 7,5 Stunden ein Achtel usw.

Radioaktivität hat zwar einen schlechten Ruf, kann aber doch ganz nützlich sein. Das trifft ja manchmal sogar für Menschen zu.

Thema IV.10 Analog und Digital

Es heißt ja immer, wir leben heute in einer digitalen Welt und früher war immer alles analog. Doch was heißt das eigentlich?

Als Reporter komme ich mit sehr vielen verschiedenen Menschen zusammen. Neben mir sitzt Ana. „Mein Name ist Log, Ana Log!" Ja, ähh, natürlich. „Und das hier ist Herr Tal", und ich zeige auf die andere Seite. „Du kannst ruhig Digi zu mir sagen". Die beiden scheinen wohl ziemlich schwierig zu sein und sehr verschieden. Und sie mögen sich nicht sonderlich. Ich frage: „Frau Log, wie regeln *Sie* das?" – „Ich regele die Lautstärke meiner Musikanlage mit einem großen Knopf stufenlos und ruckelfrei von laut nach leise, ich zeige mit Daumen und Zeigefinger meiner Hand ohne Probleme einen beliebigen Abstand und ich lese die Geschwindigkeit meines Fahrzeugs superschnell mit der Tachonadel am Tachometer ab, und zwar beliebig genau!" – „Und *Sie*, Herr Tal?" – „Ich zeige die Lautstärke z. B. mit 54 Dezibel (dB) an, ich gebe den Daumen-Zeigefinger-Abstand mit 4,2 cm an und lese die Geschwindigkeit am Tachometer von 82 km/h ab. Ich benutze dazu Zahlen und Ziffern (englisch: digits). Und auch das beliebig genau."

„Was ist daran besser als bei Frau Ana Log?", will ich von Digi Tal wissen. „Wenn man z. B. rechnen will: 3 mal 4 ist gleich 12, dann benutzt man zur Rechnung natürlich Zahlen und Ziffern. Wenn ein Computer das rechnen soll, dann ist es günstig, wenn auch er Ziffern benutzt und Zahlen ausrechnet. Er rechnet also digital". Frau Log widerspricht. Auch mit der berühmten Zahl Pi (π) lasse sich prima rechnen, auch oder gerade wenn sie nicht digital ist.

„Außerdem", gibt Ana Log zu bedenken, „Wenn ich meine Tachometernadel irgendwo zwischen 82 und 83 km/h ablese, dann geht das ruhig und stabil. Bei Digi Tal springt dann aber die Zahl dauernd zwischen 82 und 83 hin und her. Wie lästig!" – „Das macht mir doch gar nichts", entgegnet er. „Ich kann den digitalen Wert ganz einfach genauer machen und setze noch eine Ziffer hinten dran: z. B. 82,6 km/h. Das kann ich beliebig genau machen."

„Noch viel deutlicher wird der Vorteil", fährt Digi Tal fort, „wenn man an die Funkübertragung von Signalen denkt. Angenommen ein Empfänger erhält von Frau Log ein Signal mit einer bestimmten Stärke. Er weiß, es gibt bestimmte Störeinflüsse. Daher kann er nicht beurteilen, ob das von Frau Log ausgesendete Signal nicht ursprünglich ein bisschen stärker oder ein bisschen schwächer war, als er es empfangen hat. Die Signalstärke ist also nicht ganz eindeutig. Wenn *ich* es sende, dann sende ich eine Stärke von, sagen wir 173 und ich sende die Ziffern 1 und 7 und 3, die der Empfänger auch genau so erhält. Es geht also keine Information verloren." Doch auch dagegen hat Ana Log Einwände.

Digi rückt ein wenig an mich heran und erzählt: „Ich habe eine Cousine, Sabine R. heißt sie. Wir nennen sie nur immer liebevoll „Bine Är". Sie gibt eine Zahl immer nur „binär" mit zwei verschiedenen Ziffern an, immer nur eine Null oder eine Eins. Das ist für sie jeweils eine Informationseinheit. Sie nennt es ein „bit" (binary digit). Die Zahl 173 ist für Bine Är die Ziffernfolge 10101101. Lustig, nicht wahr? Sie kann z. B. mit WLAN in einer Sekunde 100 Millionen solcher Nullen und Einsen senden, ohne Informationsverlust. Sie sagt, sie hat eine Übertragungsrate von 100 Megabit pro Sekunde (Mbit/s)."

So langsam wird Digi Tal unruhig. „Die gesamte Elektronik, die Kommunikations- und Funktechnologie funktioniert digital. Und ich habe noch viel vor: Ich soll noch die Schulen digitalisieren, die Arbeitswelt und die private Kommunikation. Es ist der erklärte Wille der Politik, dass die ganze Gesellschaft digitalisiert werden soll!"

Ana Log bleibt trotzdem ganz cool. „Dann machen Sie das mal ruhig!", sagt sie. „Ich herrsche über die Biologie, die Physik und das gesamte Universum. Die regeln das nämlich genau wie ich: ganz analog!". Frau Ana Log, Herr Digi Tal, ich bedanke mich für das Gespräch!

Thema IV.11 Handy, WLAN und 5G: Was genau ist das eigentlich?

Jeder hat es, benutzt es und schimpft, wenn es nicht da ist. Unser gesellschaftliches Leben ist durchdrungen von einer Vielzahl verschiedener Telekommunikationstechniken.

Ich nehme meinen ganzen Mut zusammen und frage meine Freundin Karin-Petra so beiläufig wie möglich: „Handy, WLAN und 5G: was ist eigentlich genau der Unterschied?" Sie schaut mich prüfend an, ob ich mir wohl einen Scherz erlaube. „Wie hast du denn früher telefoniert?" fragt sie. „Per Festnetz, natürlich!" – „Ja, genau. Und heute telefonieren wir meistens mobil. Und das geht ohne Kabel. Alle diese Techniken dienen also der drahtlosen Kommunikation."

Jede drahtlose Informationsübertragung geschieht mittels Funkwellen, technisch als elektromagnetische Felder (EMF) bezeichnet. Solche Felder tragen Energie. Es kann damit Information über unterschiedlich weite Strecken transportiert werden. Sowohl zum Senden als auch zum Empfangen von Funkwellen braucht man Antennen. Die Reichweite von früheren Fernseh- und Rundfunksignalen konnte mehr als 100 km betragen. Die Antennen waren riesig und unübersehbar auf allen Dächern. Heutige Handys übertragen ihre Signale bis zur nächsten Basisstation im Bereich von höchstens einigen hundert Metern. Ihre Antennen sind klein und in jedem Gerät gut versteckt.

Die Entwicklung der Handy-Mobilfunktechnik teilt man in G wie „Generationen" ein: Nach dem Start in den 60er Jahren (G1) kam GSM (G2), UMTS (G3) und das immer noch übliche LTE (4G). Als 5G wird die aktuelle Mobilfunkgeneration bezeichnet, mit einer noch besseren Übertragungstechnik. Ein wichtiges Merkmal der Funkwellen ist deren Frequenz. Eine Handy-Funkwelle schwingt in jeder Sekunde einige Milliarden Mal auf und ab. Die Frequenz beträgt dann einige Gigahertz (GHz). Und sie breitet sich rasant schnell aus, nämlich mit Lichtgeschwindigkeit, was immerhin etwa 300.000 km/s sind.

„Aha", versuche ich zu verstehen. „5G ist also nichts anderes als eine Handy-Technik (mit SIM-Karte und Telefonnummer). Was aber ist WLAN?". Karin-Petra ist sehr geduldig: „WLAN ist eine drahtlose Übertragungstechnik für kurze Strecken, z. B. innerhalb der Wohnung oder auf einem öffentlichen Platz. Im Ausland sagt man häufig auch WiFi dazu."

Auch WLAN arbeitet im Gigahertz-Frequenzbereich. Im Unterschied zum 4G oder 5G des Handy-Mobilfunks kommt WLAN mit wesentlich geringerer EMF-Energie aus. Für noch kürzere Reichweiten mit noch geringeren Energien wird Bluetooth (nach dem dänischen König Harald Blauzahn) benutzt. Hierfür müssen sich die kommunizierenden Geräte im Abstand von einigen Metern zueinander befinden. Handys verfügen meistens sowohl über Bluetooth, WLAN als auch über 4G oder 5G.

„Und wenn ich mit meinem Computer ins Internet will? Was benutze ich dafür?", will ich von Karin-Petra wissen. „Wenn du mit deinem Laptop auf dem Schoß auf dem Sofa sitzt, dann greifst du per WLAN auf deinen Router zu. Der verbindet dich per Telefonkabel (also nicht mehr mittels EMF) mit dem Internet. Du kannst dich aber auch per WLAN oder Bluetooth mit deinem Handy verbinden, das dann über 4G oder 5G ins Internet geht. Dann geht die gesamte Übertragung drahtlos."

Jetzt will aber Karin-Petra wissen: „Und die Handy-Strahlung? Ist die nicht gefährlich?" Darüber geben regelmäßig das Bundesamt für Strahlenschutz (BfS), der Fachverband für Strahlenschutz (FS) und die Deutsche Strahlenschutzkommission (SSK) Auskunft.

Thema IV.12 Wozu braucht man Glasfaserkabel?

Im Zuge der Digitalisierung des Alltags wird der Ausbau des Glasfasernetzes vorangetrieben. Aber was ist so gut an Glasfaserkabeln?

Elektrische Leitungen, Kabel und Drähte dienen zwei grundsätzlich verschiedenen Zwecken: entweder dem Transport von Energie oder der Übertragung von Information. Beim Transport von elektrischer Energie geht es um möglichst hohe Spannungen und große Ströme.

Bei der Übertragung von Information kommt es auf etwas anderes an. Im Alltag kann es sich bei Information z. B. um Musik, um ein Bild oder um einen Text handeln, oder um den Weg nach Hause oder in die nächste Kneipe. In der Technik werden solche Informationen in Signale umgewandelt, die dann in geeigneter Weise übertragen werden. Beispielsweise wandelt ein Mikrofon die Schallwellen der Luft in ein elektrisches Spannungssignal um. Dieses elektrische Signal wird in einem Kabel oder Draht übertragen, dann an einen Lautsprecher gegeben und von diesem wieder in den ursprünglichen Schall zurückgewandelt. Das ist klassische *analoge* Technik. Man kann das analoge Spannungssignal aber auch in eine Abfolge von Zahlen umwandeln, ja sogar in eine Abfolge nur von Nullen und Einsen. Das ist dann ein *digitales* Signal. Warum das besser sein könnte als analog (oder auch nicht), das diskutieren Ana Log und Digi Tal in Thema IV.10.

Auch Nullen und Einsen können durch ein Kabel transportiert werden. Das geschieht durch ständiges Wechseln der elektrischen Spannung, z. B. von 0 Volt („Null") auf 5 Volt („Eins") und immer hin und her. Das kann in jeder Sekunde unglaubliche 100 Millionen Mal geschehen. Man spricht dann von einer Übertragungsrate von 100 Megabit pro Sekunde (100 Mbit/s).

Das Ganze geht aber noch viel schneller, mit noch höherer Übertragungsrate und noch genauer, wenn man das digitale Signal nicht elektrisch überträgt, sondern per Licht. Auch hier handelt es sich um die Übertragung von Nullen und Einsen, die hier aber als ein ultra-kurzer Lichtblitz („Eins") oder kein Lichtblitz („Null") repräsentiert sind. Nehmen wir wieder ein Mikrofon. Das Mikrofon nimmt einen Schall auf, wandelt es in ein analoges Spannungssignal um und gibt es auf ein elektronisches Bauteil, das daraus ein digitales Spannungssignal macht. Ein solches Ding nennt man einen Analog-Digital-Wandler (ADC). Das digitale Signal wird auf einen Laser (manchmal auch auf eine kleine LED-Lampe) gebracht, der eine entsprechende Abfolge sehr kurzer Lichtpulse in einer ganz bestimmten Farbe erzeugt. Diese werden in die Spitze einer hauchdünnen Glasfaser (dünner als ein Haar) „hineingeleuchtet", wo sie sich mit Lichtgeschwindigkeit fortbewegen bis sie am anderen Ende wieder austreten und wieder in analoge Signalformen umgewandelt werden, sodass sie schließlich am Lautsprecher als Schall wieder abgegeben werden können. Ein Glasfaserkabel kann mehrere 100 einzelne Glasfasern enthalten und einige Terabit/s (1.000.000 Mbit/s) übertragen.

Glasfasern haben die Eigenschaft, dass die Lichtteilchen die Faser nicht verlassen können und sich stets nur in Richtung der Faser ausbreiten können. Damit treten auch über lange Entfernungen kaum Verluste auf. Zudem können Lichtpulse sehr viel kürzer sein als elektrische Spannungspulse und man kann sogar verschiedene Farben in der gleichen Glasfaser unabhängig voneinander für die Übertragung von Information nutzen. Also: Dann ab in die Digitalisierung und in den Glasfasernetzausbau!

Thema IV.13 Wie kommt das Wasser vom Tal auf den Berg?

Wasser in die Städte zu befördern, war in der Menschheitsgeschichte seit jeher eine der wichtigsten Aufgaben der Ingenieurskunst.

Als vor 800 Jahren die Stadt Grünberg[4] gegründet wurde, war sie aufgrund ihrer Lage auf dem Berg zwar gut gegen jedwede Angriffe zu verteidigen, es gab aber erhebliche Probleme mit der Wasserversorgung. Im Brunnental unterhalb der Stadt gab es zwar jede Menge gutes Wasser, es musste aber von dort ungefähr 50 m hoch von Wasserträgern oder Lasttieren in die Stadt transportiert werden – eine wirklich mühselige Arbeit. Daher beauftragte die Stadt vor gut 600 Jahren den Fritzlarer Domherren Heinrich von Hatzfeld, eine Anlage zu bauen, mit der Wasser aus dem Brunnental in die Stadt beför-

---

4 Grünberg ist ein mittelhessisches Fachwerkstädtchen oberhalb eines malerisch gelegenen Tals mit einem ausgedehnten Quellengebiet, dem Brunnental.

dert werden konnte. Das war die Grünberger Wasserkunst, eine der ältesten Anlagen dieser Art in Deutschland.

Die zahlreichen Quellen des Brunnentals speisen zwei Teiche, die etwa 50 m unterhalb der Stadt liegen. Aus den Teichen fließt das Wasser noch einmal 5 m tiefer in abfließende Bäche. Heinrich von Hatzfeld überlegte Folgendes: Wenn ich keine Reibungsverluste einberechne, dann kann ich z. B. 4 L Wasser aus den Teichen 5 m tief fallen lassen (Höhenunterschied zwischen Teich und Bach) und mit dieser Energie an anderer Stelle 4 L Wasser wieder 5 m hochpumpen. Das wäre zwar für praktische Zwecke ziemlich unsinnig, physikalisch aber korrekt. Ich kann mit derselben fallenden Wassermenge aber auch 2 L Wasser 10 m hochpumpen oder 1 L 20 m hoch usw. Das Produkt aus Wassermenge und Pumphöhe ist dabei immer konstant.

Daraufhin baute er im Jahre 1419 eine „Wasserkunst", die genau das ausnutzte. Er ließ Wasser aus den Quellteichen aus einer Fallhöhe von etwa 5 m über ein Wasserrad laufen, das eine Pumpe antrieb, die das Wasser 50 m hoch in die Stadt pumpte. Ohne Einbeziehung von Verlusten hätte er somit 10-mal mehr Wasser zum Antrieb gebraucht als die nach oben geförderte Wassermenge. Tatsächlich aber gab es aufgrund der Pumpkonstruktion erhebliche Reibungsverluste, fast 90 %. Um diese auszugleichen, brauchte er also nochmals 10-mal mehr Antriebswasser, sodass insgesamt mehr als das 100-Fache an Wassermenge zum Antrieb benötigt wurde als die Menge, die die Stadt erreichte.

Man kann auch die für das Pumpen notwendige Leistung (Energie pro Zeit) ausrechnen. Für das Anheben von 1 L Wasser pro Sekunde auf 1 m Höhe braucht man eine Leistung von 10 Watt. Die Grünberger Wasserkunst brachte etwa 0,1 L/s 50 m hoch in die Stadt, d. h. es war (ohne Verluste) eine Leistung von 50 Watt notwendig. Unter Einbeziehung der Verluste von 90 % musste die Anlage eine Leistung von etwa 500 Watt erbringen. Aus heutiger Sicht eine Kleinigkeit, damals aber ein großer Fortschritt.

Die Wasserversorgung funktionierte bis Ende des 19. Jahrhunderts immer nach dem gleichen mechanischen Prinzip. Die Anlage von 1854 mit einer Fördermenge von 1 L/s kann noch heute im Brunnental besichtigt werden. Für die Grünberger bedeutete die mittelalterliche Wasserkunst eine gewaltige technische Errungenschaft. Froh und glücklich waren sie, von da an ohne eigene Kraftanstrengung und nur durch Technik ständig fließendes frisches Quellwasser in der Stadt zu haben.

Zum Nachrechnen

Die Energie E mit den Einheiten Joule (J) oder Kilowattstunden (kWh) errechnet sich aus der Masse m eines Gegenstands und dessen Höhe h:

$$E = m \cdot g \cdot h$$

Dabei ist $g = 9{,}81 \, \text{m/s}^2$ die Erdbeschleunigung.
4 Liter Wasser haben eine Masse von $m = 4 \, \text{kg}$. Daraus ergibt sich für die Energie:

$$E = g \cdot 4\,\text{kg} \cdot 5\,\text{m} = g \cdot 2\,\text{kg} \cdot 10\,\text{m}$$
$$= g \cdot 1\,\text{kg} \cdot 20\,\text{m} = 9{,}81\,\text{m/s}^2 \cdot 20\,\text{kg} \cdot \text{m} \approx 200\,\text{kg} \cdot \text{m}^2/\text{s}^2 = 200\,\text{Ws} = 200\,\text{J}$$

Die dazu nötige Leistung P mit der Einheit Watt (W) ist die Energie E pro Zeit t:

$$P = \frac{E}{t} = \frac{1\,\text{kg} \cdot 5\,\text{m} \cdot 9{,}81\,\text{m/s}^2}{\text{s}} = \frac{0{,}1\,\text{kg} \cdot 50\,\text{m} \cdot 9{,}81\,\text{m/s}^2}{\text{s}} \approx 50\frac{\text{Ws}}{\text{s}} = 50\,\text{W}$$

Ohne Reibungsverluste kann ein 5 m herabfallender Wasserfluss von 1 Liter pro Sekunde (1 kg/s) eine Wassermenge von 0,1 Liter pro Sekunde (0,1 kg/s) in eine Höhe von 50 m den Berg hinaufbefördern. Mit 90 % Reibungsverlusten ist dazu ein herabfallender Wasserfluss von 10 Liter pro Sekunde notwendig.

Thema IV.14 Wie funktioniert eigentlich ein Laser?

> Vom Laserpointer bis zur Festivalbeleuchtung: Laser begegnen uns in unzähligen Geräten täglich und überall.

Nähern wir uns dem Laser mal über seinen Namen: Im Wort „Laser" kommen die Anfangsbuchstaben von „**L**ight **A**mplification by **S**timulated **E**mission of **R**adiation", also Lichtverstärkung durch stimulierte Emission von Strahlung. Alles klar?

Das „L" in Laser ist also Licht. Sie können es z. B. in einem Laserpointer als dünnen roten oder grünen Lichtstrahl sehen. Licht kommt aber auch aus einer Taschenlampe, und diese ist ja kein Laser. In einer Taschenlampe fließt Strom durch einen dünnen Draht, überträgt dort seine Energie auf die Drahtatome, die diese Energie in kleinen einzelnen Portionen als „Lichtteilchen" wieder abgeben. Die Energie bestimmt die Farbe. Blau bedeutet etwas mehr Energie, rot etwas weniger. Jedes Lichtteilchen trägt eine ganz bestimmte Portion Energie und es hat somit seine eigene Farbe. Die Summe aller Lichtteilchen und damit aller Farben ergibt weißes Licht (vgl. Themen I.6 und V.1).

Ein Laser funktioniert anders. Stellen Sie sich zwei Spiegel vor, die sich exakt parallel gegenüberstehen. Auch in diese Spiegel wird Energie hineingepumpt, die dort aber nicht sofort wieder abgegeben wird, sondern zunächst nur gespeichert wird. Die Atome des Spiegels können die gespeicherte Energie nämlich nicht von sich aus einfach so wieder loswerden, sondern sie brauchen dafür einen äußeren Anstoß. Dieser äußere Anstoß erfolgt durch ein einzelnes Lichtteilchen mit einer ganz bestimmten Energie, d. h. mit einer ganz bestimmten Farbe (z. B. rot). Dieses Lichtteilchen fliegt von dem einen Spiegel los, trifft auf den anderen Spiegel und bewirkt dort, dass einige der Spiegelatome ihre gespeicherte Energie in Form von Lichtteilchen mit exakt der gleichen Energie wie das eintreffende abgeben. Diese fliegen auf exakt gleicher Linie wieder zum ersten Spiegel zurück und machen dort wieder das Gleiche. Und immer wieder hin und her. Bei jedem Auftreffen werden auf diese Weise immer mehr Lichtteilchen produziert, die alle die gleiche Energie (Farbe) haben und alle exakt parallel zueinander ausgerichtet sind. Damit haben wir das „A" in Laser, also eine enorme Verstärkung (Amplification) der Lichtintensität. Das Auftreffen des „ersten" Lichtteilchens bewirkt die Stimulation, womit wir das „S" hätten. Das Aussenden, also die Emission der gespeicherten Energie ergibt das „E". Dies erfolgt in Form von Lichtteilchen, was die Strahlung „R" darstellt (engl.: Radiation). Lichtteilchen, die nicht exakt parallel laufen oder eine andere Energie haben, können keine Verstärkung hervorrufen und verschwinden einfach „unverstärkt".

Ein Laser hat also (im Gegensatz zur Taschenlampe) immer eine ganz bestimmte feste Farbe und bildet ein paralleles Lichtbündel mit hoher Intensität.

In der technischen Umsetzung dieses Prinzips sind die Spiegel und das Material, das die hineingepumpte Energie speichern kann, meist getrennte Systemelemente. Man verwendet dafür häufig Kristalle (z. B. Rubin) oder Halbleiter. Das „Einpumpen" der Energie erfolgt meist elektrisch, also auch einfach durch Strom.

Die Idee zu einem Laser hatte übrigens schon Albert Einstein im Jahr 1916, von dem sogar schon der Begriff der „stimulierten Emission" (auf deutsch) stammte. Es dauerte bis 1960, bis Theodor Maiman in den USA den ersten funktionsfähigen Laser baute.

Thema IV.15 Eine Kraft durch Strom: Magnet

Ein Magnet zieht bestimmte metallische Gegenstände an, andere wiederum nicht. Warum ist das so, und wie kommt eine magnetische Kraft eigentlich zustande?

Aus dem Alltag kennen wir Eisenstäbe, die dauerhaft magnetisch wirken und deshalb „Permanentmagnete" heißen. In der Technik ist das aber eher die Ausnahme. Dort hat man es meistens mit Elektromagneten zu tun, die man mit elektrischem Strom ein- und ausschalten kann. Damit haben wir auch schon die Ursache für magnetische Kräfte: nämlich Strom!

Jeder Strom in einem Kabel oder in einem Draht erzeugt ein Magnetfeld. Dieses bewirkt eine magnetische Kraft, die auf andere Gegenstände wirkt, die ebenfalls ein Magnetfeld besitzen. Wenn Sie beispielsweise ein Kabel haben, durch das ein Strom fließt, und im Abstand von ein paar cm parallel dazu ein zweites Kabel, durch das ebenfalls ein Strom fließt, dann ziehen sich diese beiden Kabel je nach Orientierung entweder an oder sie stoßen sich ab. Diese Kraft ist aber ziemlich klein. Man kann sie aber enorm vergrößern, indem man ein einzelnes Kabel oder einen einzelnen Draht zu einer Schlaufe formt, und dann wieder und wieder, bis man schließlich eine Wicklung mit einer Vielzahl von übereinanderliegenden Schlaufen hat. Ein solches Gebilde nennt man dann eine „Spule". Das Magnetfeld jeder einzelnen schlaufenförmigen „Windung" summiert sich dann zu einem Gesamtmagnetfeld der Spule, das in der Spulenmitte besonders stark ist und durch einen Eisenkern noch verstärkt werden kann (vgl. Bild II.2). Je mehr Windungen eine Spule hat (das können einige Tausend sein) und je mehr Strom durch den Spulendraht fließt, desto stärker ist der Elektromagnet.

Damit hätten wir nun einen Elektromagneten. Warum wirkt er aber nur auf bestimmte Metalle, jedoch nicht z. B. auf Kunststoffe, Holz oder Glas? Dazu muss man sich den Aufbau der Stoffe ansehen. Jeder Stoff ist aus Atomen aufgebaut. Auch in diesen Atomen fließen kreisförmige elektrische Ströme (für die Kenner unter Ihnen: es sind die Elektronen, die um sich selbst und um die Atomkerne kreisen). Also kann auch ein Atom ein winzig kleines Magnetfeld besitzen.

Man kann grob drei Sorten von Materialien unterscheiden: In den meisten Stoffen sind die atomaren Magnetfelder zufällig in alle Richtungen gleichmäßig verteilt, sodass sich ihre einzelnen kleinen Magnetfelder gegenseitig aufheben und zu Null aufsummieren: diese Materialien sind nicht magnetisch. In einigen Metallen (z. B. Eisen) können sie sich aber alle in einer Richtung ausrichten, sobald sie ein äußeres Magnetfeld spüren. Dann ergibt sich daraus ein resultierendes Magnetfeld, das nicht mehr null ist. Solche Metalle sind magnetisch. Sie können durch die magnetische Kraft eines Elektromagneten angezogen werden. Bei einer dritten Sorte von Materialien sind die kleinen atomaren Magnetfelder auch ohne ein äußeres Magnetfeld in einer Richtung orientiert. Sie bilden somit zusammen ein eigenes dauerhaftes Magnetfeld. Das sind dann die Permanentmagnete.

Eine Kompassnadel ist ein Permanentmagnet. Sie richtet sich nach dem Magnetfeld der Erde aus, die ebenfalls ein Permanentmagnet ist. Die Einheit, mit der eine Magnetkraft gemessen wird, ist das Tesla (T). Die Erde hat ein Magnetfeld von etwa 40 millionstel Tesla (40 µT), ein dicker fetter Elektromagnet, z. B. in einem MRT-Gerät („Kernspin") in der medizinischen Diagnostik, hat etwa 3 Tesla (vgl. Thema IV.16).

Thema IV.16 Was ist Kernspintomographie und MRT?

Die Magnetresonanztomographie (MRT), auch Kernspinresonanztomographie genannt, ist eines der leistungsfähigsten, aber auch komplexesten Verfahren zur Bildgebung in der medizinischen Diagnostik.

Wenn Ihre Ärztin ein Bild aus Ihrem Körperinneren zu diagnostischen Zwecken haben will, schickt sie Sie entweder zum CT oder zum MRT. Beide Geräte sehen von außen ziemlich ähnlich aus. Beide haben irgendwo ein Loch, in das Sie oder ein Körperteil von Ihnen hineingeschoben werden, weshalb manche auch „Röhre" dazu sagen. Physikalisch sind beide Methoden aber grundverschieden – nur das „T" ist identisch und heißt Tomographie, d. h. eine 3-dimensionale Bildgebung.

Bei CT handelt es sich um Röntgenstrahlung. Darüber gibt es was in Thema IV.8. MRT dagegen wird manchmal als strahlungsfreie Methode bezeichnet. Das ist aber nicht richtig. Es handelt sich hier nur um andere Strahlungssorten als Röntgenstrahlung.

Das größte und lauteste Bauteil eines MRT-Geräts ist ein riesengroßer Elektromagnet. Der erzeugt ein Magnetfeld, das etwa 100.000-mal stärker ist als das Magnetfeld der Erde. Jedes Magnetfeld übt eine Kraft auf Objekte aus, die ebenfalls ein Magnetfeld besitzen (vgl. Thema IV.15). Die Objekte, auf die es hier ankommt, befinden sich in unserem Körper, genauer gesagt in den *Atomen* unseres Körpers. Noch genauer: es geht um die Atom*kerne*! Und noch noch genauer: um die Atomkerne von Wasserstoffatomen in unserem Körper. Davon gibt es jede Menge. Damit hätten wir das Wort „Kern" identifiziert.

Jeder Atomkern hat ein kleines Magnetfeld, das man „Kernspin" nennt. Das starke Magnetfeld des MRT-Geräts übt eine Kraft auf alle diese Wasserstoffkernspins aus, mit der Folge, dass sie sich in diesem Magnetfeld in einer bestimmten Richtung ausrichten. Es gibt aber nur zwei Richtungen, für die das geht, sagen wir „aufwärts" oder „abwärts". Jetzt müssen wir dafür sorgen, dass einige wenige dieser Kernspins von einer in die andere Richtung „umklappen", also z. B. von „aufwärts" nach „abwärts". Dazu ist Energie nötig. Diese Energie wird vom MRT-Gerät mittels eines Senders in Form von Radiostrahlung in den Körper eingebracht. (Für die Kenner unter Ihnen: Radiostrahlung hat eine Frequenz von etwa 100 MHz). Durch die Radiostrahlung geraten die Kernspins in Resonanz und klappen um. Damit hätten wir das Wort „Resonanz" identifiziert.

Wenn die Kernspins umgeklappt sind, wollen sie aber nicht so bleiben, sondern sie wollen in ihren ursprünglichen Zustand der Ausrichtung wieder zurück. Das tun sie auch, indem sie die hineingesteckte Energie wieder abgeben – wiederum in Form von Radiostrahlung, die nun vom MRT-Gerät mittels einer Empfangsantenne registriert wird. Die Zeit, die für diesen Prozess gebraucht wird, wird gemessen. Sie bildet das eigentliche kennzeichnende Signal. Denn diese „Umklapp-Rückkehrzeit" ist abhängig davon, wo und in welcher Verbindung sich das Wasserstoffatom befindet. In Wasser ist diese Zeit anders als in Muskel-, Fett- oder Knochengewebe. Wenn man es jetzt noch schafft, diese Zeit für jede einzelne Stelle im Körper zu messen, dann kann man die Körperstrukturen in einem 3-dimensionalen Bild (Tomogramm) darstellen. Dazu braucht man dann nochmals andere Sorten von Magnetfeldstrahlung. Also lassen Sie sich nicht irreführen: MRT ist keinesfalls strahlungsfrei!

Thema IV.17 Lampen, Licht und LED

Glühlampen werden nach und nach durch LED-Lampen ersetzt. Doch was ist an LED besser?

Stellen Sie sich vor, Sie wären ein Stromteilchen. Darf ich Sie vielleicht einfach „Elektron" nennen? Sie bewegen sich zusammen mit sehr vielen anderen Freundinnen und Kollegen durch ein Kabel oder einen Draht, weil jemand den Lichtschalter eingeschaltet hat. Irgendwann kommen Sie an eine Stelle, an der der Draht sehr dünn wird und Sie sich mit all den anderen Stromteilchen durch diese Engstelle hindurchzwängen müssen. Sie sind jetzt im Glühfaden einer klassischen 60-Watt-Glühlampe. Dies ist im Wesentlichen ein ziemlich dünner Draht (etwa ein Zehntel Millimeter), der zu engen Wendeln verdrillt, mehr oder weniger frei hängend in der Glühbirne befestigt ist. Wegen der wendelförmigen Verdrillung kann ein solcher Glühfaden durchaus länger als ein Meter sein.

Sie zwängen sich nun mit den anderen durch die Enge des Glühfadens. Es gibt ein Stoßen und Schubsen und Sie handeln sich durch Ihr ständiges Drängeln einigen Ärger ein, der Sie ziemlich viel Energie kostet. Durch die vielen Stöße nimmt das Drahtmaterial, durch das Sie hindurch müssen, Energie auf, wird dabei immer heißer und beginnt zu leuchten. Je mehr Stromteilchen sich hindurchdrängeln (je mehr Strom also fließt) und je dünner und länger der Draht ist, desto mehr Energie wird an das Drahtmaterial übertragen.

Irgendwann kommen Sie aus dem dünnen Glühfaden wieder heraus und gelangen in das normale Stromkabel und das heftige Geschubse hat ein Ende. Entlang Ihres Weges durch den Glühfaden haben Sie viel Energie abgegeben. Etwa 95 % davon geht als Wärme verloren, und nur 5 % kommen dem eigentlichen Zweck einer Glühbirne zugute, nämlich Licht zu erzeugen.

Bei einer LED-Lampe ist das anders. Sie ist viel kleiner und kompakter und es gibt auch keinen Glühdraht. Doch auch durch eine LED-Lampe fließt Strom, allerdings sehr viel weniger. Das lichterzeugende Bauteil ist eine sogenannte Diode (das „D" in LED).

Wollen Sie wieder ein Stromteilchen namens Elektron sein? Nun geraten Sie in die Diode. Sie haben hier nur wenig Freundinnen und Kollegen. Allerdings schubst Sie auch niemand mehr. Sie merken, dass Sie hier nicht einfach hindurchwandern können, sondern dass es einige einzelne freie Plätze gibt. Sie nehmen einen freien Platz ein, springen dann zum nächsten und dann zum nächsten usw. Sie brauchen dabei um keinen freien Platz zu kämpfen, und wenn Sie einen besetzt haben, macht Ihnen diesen niemand streitig. Das spart gehörig Energie. Nur für das Hüpfen von einem Platz zum anderen brauchen Sie Energie. Immer wenn Sie das tun, geben Sie eine Energieportion in Form eines Lichtteilchens ab. Das ist dann die Emission (das „E" in LED) von Licht (das „L").

In einer LED-Lampe geht also nur wenig Energie in Form von Wärme verloren. Im Vergleich zu einer 60-Watt-Glühbirne braucht eine LED bei gleicher Lichtstärke nur etwa 5 Watt. Eine 60-Watt-Glühbirne, die 24 Stunden lang leuchtet, verbraucht 1,4 Kilowattstunden (kWh), was etwa einen halben Euro kostet. Eine LED-Lampe verbraucht dagegen Strom nur für etwa 4 Cent. Und außerdem hat sie eine 100-fach längere Lebensdauer.

Weil man die Helligkeit einer alten Glühbirne durch Angabe ihrer „Watt-Zahl" schlecht mit einer neuen LED-Lampe vergleichen kann, gibt man dafür den Lichtstrom in „Lumen" (lm) an. Eine 60-Watt-Glühlampe und eine 5-Watt-LED-Lampe haben eine Lichtstärke von etwa 700 lm.

Thema IV.18 Kino, Popcorn, Mikrowelle

Was gibt es Entspannteres als mit einer Tüte Popcorn im Kinosessel gebannt der Leinwandgeschichte zu folgen und welches Geräusch ist typischer als das Floppen der Maiskörner in der Mikrowelle?

Ein Mikrowellenherd ist eine praktische Sache. Ratzfatz kann man damit Essen warmmachen, Wasser kochen und aus Maiskörnern Popcorn herstellen. Aber wie funktioniert das eigentlich und warum werden Wasser und andere Lebensmittel dabei heiß, während der Teller, der Becher oder andere Gefäße fast gar keine Wärme aufnehmen?

Stellen Sie sich vor, Sie wollen Ihr Kind oder Ihr Enkel auf einer Schaukel anschubsen. Das klappt nur dann, wenn Sie immer in einem festen Rhythmus zu gleichen Zeiten der Schaukel einen kleinen Schubs mitgeben. In welchem Rhythmus und in welchen Zeitabständen Sie das tun, können Sie sich nicht aussuchen, sondern das hängt von der Schaukel selbst ab, insbesondere von der Länge der Schaukelseile. Angenommen die Schaukel schwingt in 2 Sekunden hin und her, dann müssen Sie alle 2 Sekunden schubsen. Wenn Sie häufiger oder seltener als alle 2 Sekunden schubsen, gibt es sicherlich heftigen Protest und Beschwerden aus Richtung Schaukel. Dieses Phänomen nennt man „Resonanz". Man kann einem System (Schaukel plus Kind) nur dann besonders viel Energie übertragen (durch Ihre Armkraft), wenn dies „in Resonanz" geschieht (vgl. auch Thema IV.16).

Jetzt nehmen wir Wasser und schauen uns die Moleküle an, aus denen es besteht. Auch diese Wassermoleküle haben „Schaukelseile", mit denen sie hin und herschwingen. Je stärker sie schwingen und je schneller sie sich bewegen, desto mehr Energie haben sie aufgenommen und desto heißer ist das Wasser. Weil Wassermoleküle eine feste „Seillänge" haben (sprich Abstand und Winkel der beteiligten Atome), haben sie auch eine feste Resonanz. Die Schaukel hat eine Resonanz von 1 Schwingung in 2 Sekunden, also 0,5 Schwingungen pro Sekunde. Man sagt, sie hat 0,5 Hertz (Hz). Ein Wassermolekül schwingt um einiges schneller: es schwingt mit 2 Milliarden Hertz (2 Gigahertz, GHz) und weit darüber! Wenn man also ein Wassermolekül anschubsen will, dann braucht man eine Energieform, die mit mehr als 2 GHz „schubst".

Genau das geschieht im Inneren eines Mikrowellenherds mittels eines Senders, der elektromagnetische Wellen (EMF), eben Mikrowellen, mit einer Leistung im Bereich von 1 Kilowatt (kW) erzeugt. Fast alle Lebensmittel enthalten in irgendeiner Form Wasser. Diese Wassermoleküle geraten durch die Mikrowellenstrahlung in Resonanz, während z. B. das Porzellan des Tellers keine Resonanz zeigt, also keine Energie aufnimmt und damit kalt bleibt.

Mais enthält auch Wasser. Wenn dieses durch schnelle Energieaufnahme verdampft und sich dabei schlagartig ausdehnt, platzen die Maiskörner auf. Ein Maiskorn wird zu einem Popcorn. Man hört diese typische Kaskade von „Flops". Vor einiger Zeit meldete sich bei mir eine Gruppe von Schülern mit folgender Idee für ein Experiment: Sie wussten, dass auch Handys etwa mit 2 GHz Funkstrahlung senden. Sie positionierten also alle ihre Handys rund um eine Tüte Maiskörner, um diese in Resonanz zu versetzen und genau wie in einer Mikrowelle daraus Popcorn zu machen. Was glauben Sie: Hat das wohl geklappt?

Man kann aber auch wie gewohnt gemütlich ins Kino gehen und sich auch ohne Handy mit einer Tüte frischen Popcorn in den Kinosessel plumpsen lassen und sich auf ein spannendes Kinoerlebnis freuen.

V In der Welt

Thema V.1 Warum ist der Himmel blau?

Als Neil Armstrong 1969 als erster Mensch den Mond betrat, war es dort Tag, Mond-Tag also, wenn Sie so wollen. Er blickte zum Himmel empor und sah eine gleißend helle weiße Sonne und einen pechschwarzen Himmel.

Wenn wir an einem Erd-Tag in den Himmel schauen, sehen wir eine eher gelbliche Sonne und, wenn es das Wetter zulässt, einen wunderbar blauen Himmel. Nun gibt es sicherlich zwischen Mond und Erde große Unterschiede, aber die Lichtquelle ist für beide Himmelskörper doch dieselbe, nämlich die Sonne. Warum also ist der Himmel auf dem Mond schwarz und hier bei uns so schön blau?

Die Erde ist von Luft umgeben, der Mond nicht. Auf dem Mond kann ein Lichtteilchen beim Blick in den Himmel nur aus direkter Richtung von der Sonne kommen (sie erscheint extrem hell und intensiv), aus anderen Richtungen kommt kein Licht und dieser Bereich des Himmels erscheint daher tief schwarz. Schwarz ist nichts anderes als: kein Licht. Auf der Erde können Lichtteilchen auch aus anderen Richtungen als direkt von der Sonne kommen. Sie kommen „vom Himmel", genauer gesagt aus der Luftschicht der Erde (Bild V.1). Auch diese Lichtteilchen stammen ursprünglich von der Sonne. Von dort kommend treffen sie in der Erdatmosphäre auf Luftpartikel, an denen sie wie an den Banden eines Billardtisches von ihrer Bahn abgelenkt und „gestreut" werden. Erst dann erreichen sie unser Auge aus irgendeiner Richtung.

Das „Weiß" des Sonnenlichts ist eigentlich keine echte Farbe, sondern es ergibt sich als Summe aus allen möglichen Einzelfarben. Jedes Lichtteilchen hat seine eigene Farbe. Es gibt also rote, grüne und blaue Lichtteilchen, aber keine weißen. Wie viel Streuung an der Luft stattfindet, hängt von der Farbe der Lichtteilchen ab: violettes und blaues Licht wird viel mehr gestreut als rotes. Wenn wir also in den „Erd-Himmel" schauen, sehen wir nur gestreutes Licht, also vornehmlich blaue und violette Lichtteilchen. Da violettes Licht nur einen kleineren Anteil am weißen Licht der Sonne hat und unser Auge für violett eher unempfindlich ist, sehen wir trotz der vielen Streuung entsprechend wenig violett aber viel blau. Wenn wir direkt in die Richtung der Sonne blicken, dann sehen wir nicht nur die nicht-gestreuten Lichtteilchen (also vermehrt die roten und gelben), sondern es fehlen auch die blauen und violetten. Daher fehlt dem ursprünglich weißen Licht direkt von der Sonne ein Teil des blau-violetten Anteils, und die Sonne erscheint eher gelblich (Bild V.1). Je mehr Luft sich zwischen uns und der Sonne befindet, z. B. wenn die Sonne nahe am Horizont steht, desto mehr Streuung findet statt und desto mehr fehlt der blaue und der violette Anteil: Die Sonne erscheint immer gelber und röter und der Himmel immer violetter. Das ist die volle Romantik eines Sonnenuntergangs!

Ein ähnlicher Effekt tritt auch auf, wenn wir durch weite Luftschichten auf ein fernes Objekt blicken. Wenn man bei gutem Wetter im flachen Alpenvorland oder bei Föhn sogar von München aus auf die Alpen blickt, dann erscheinen die Berge manchmal ein

https://doi.org/10.1515/9783111453699-005

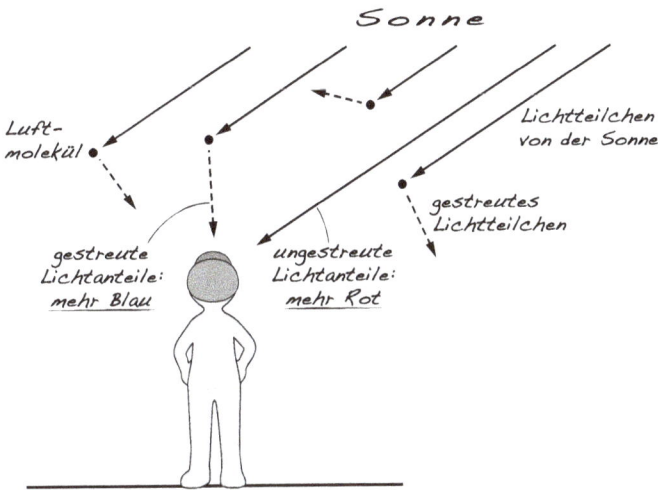

Bild V.1: Das Licht der Sonne enthält zunächst alle Farben gleichmäßig, die zusammen „weiß" ergeben (vgl. Thema I.6). Auf ihrem Weg zu unserem Auge werden einige der von der Sonne kommenden Lichtteilchen an den Molekülen der Luft gestreut. Dies betrifft vor allem die blauen und violetten Lichtteilchen. Wenn die blauen Lichtanteile aus der direkten Sonnenrichtung fehlen, erscheint der verbleibende ungestreute Lichtanteil mehr rot und gelb, während sich der Lichtanteil aus nicht-direkter Sonnenrichtung vor allem aus den gestreuten blauen und violetten Lichtteilchen zusammensetzt.

wenig bläulich-violett. Das ist nicht das Licht, das direkt von den Bergen kommt, sondern es sind die vielen Lichtteilchen, die von der Sonne kommen, an der Luft zwischen uns und den Alpen gestreut werden und unsere Augen erreichen, ohne jemals die Berge getroffen zu haben. Wir können also tatsächlich die Luft „sehen".

Die Rocky Mountains von den ehemals großen Prärien und den jetzigen riesigen Getreide- und Weideflächen der Great Plains der USA aus betrachtet haben auch diesen blauen Schimmer, weshalb sie auch manchmal „Blue Mountains" genannt werden.

Neil Armstrong aber hatte auf dem Mond beim Anblick der Mondberge bestimmt keinen blass-blauen Schimmer.

Thema V.2 Wintersonnenwende: Kann die Sonne wenden?

Man kann vieles wenden: das Spiegelei, das Unterhemd, das Auto oder manchmal sogar das Schicksal. Außerdem gibt es die Energiewende, die Verkehrswende, die Klimawende, die Zeitenwende und die Sonnenwende.

Stopp! Die Sonnenwende?? Kann die Sonne sich etwa umdrehen und sich von jetzt an von West nach Ost bewegen?

Dann wenden (!) wir uns doch mal der Sonne zu. Es ist der 21. Dezember. Mittags. Und es ist Wintersonnenwende. Wir laufen los. Stracks nach Süden. Und ziemlich schnell. Nämlich in ein paar Minuten, etwa in der Zeit, während Sie diese Geschichte lesen, müssen wir genauso weit südlich des Äquators sein, wie z. B. Frankfurt nördlich davon liegt. Sportlich, denn das sind immerhin über 11.000 km!

Wir laufen immer nach Süden der Sonne entgegen. Sie steht nicht sehr hoch, es ist ja Winter. Während wir durch die Schweiz nach Italien, an Turin vorbei bis ans Mittelmeer rennen, steigt die Sonne (immer genau im Süden) am Himmel immer höher. Wenn Sie jetzt einen Atlas, eine Karte (z. B. Bild V.2) oder Google Earth zur Hand hätten, wäre das gut. Wir rennen (eigentlich schwimmen) durchs Mittelmeer und kommen an der algerisch-tunesischen Küste wieder an Land. Wir laufen weiter durch die Sahara, durch

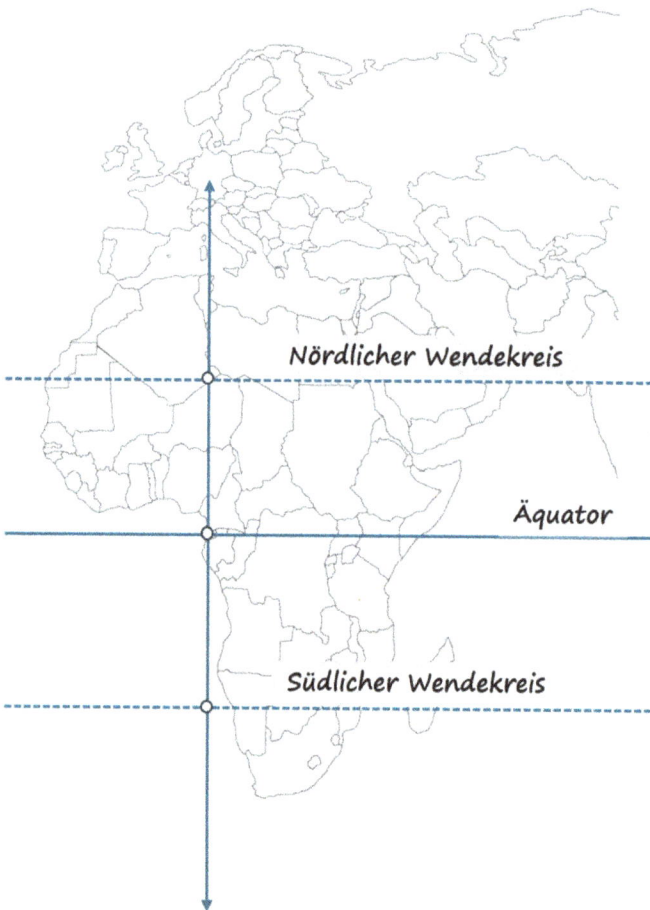

Nördlicher Wendekreis

Äquator

Südlicher Wendekreis

Bild V.2: Mit unserem etwas europazentrierten Blick unterschätzen wir bisweilen, wie weit südlich von uns der Äquator verläuft. Selbst der nördliche Wendekreis befindet sich weit südlich von uns. Zwischen dem nördlichen und dem südlichen Wendekreis gibt es stets einen Ort, an dem die Sonne mittags direkt senkrecht am Himmel (im „Zenit") steht. Nördlich des nördlichen und südlich des südlichen Wendekreises ist dies nie der Fall. Der „Zenit" wandert also im Jahresverlauf zwischen den Wendekreisen.

Nigeria und kommen vor der Westküste von Gabun an den Äquator. Puh, wir halten kurz mal an. Die Sonne steht recht hoch hier. Sollte sie nicht sogar senkrecht genau über uns stehen? Wir sind doch am Äquator! Nein, sollte sie nicht. Das ist nur an den Tagen der Tag-und-Nacht-Gleiche der Fall (21. März und 21. September). Tag-und-Nacht-Gleiche ist überall auf der ganzen Erde gleichzeitig, sogar am Nord- und Südpol.

Also, hier am Äquator steht die Sonne jetzt mittags nicht im Zenit, d. h. nicht direkt über uns. Schon etwas erschöpft rennen bzw. schwimmen wir trotzdem an der westafrikanischen Küste weiter. Wir kommen vor der Küste Namibias an den südlichen Wendekreis („Wendekreis des Steinbocks"). Aha, also wieder eine Wende.

Wir halten wieder kurz an, schauen, wo die Sonne ist, und siehe da: die Sonne steht direkt über uns im Zenit! Sie scheint direkt senkrecht von oben hinab auf unseren Kopf. Unser Körper wirft dabei keinen Schatten. Beeindruckend!

Wenn wir jetzt weiter rennen/schwimmen (immer noch genau nach Süden), dann sinkt die Sonne langsam wieder herab in Richtung Horizont. Sie steht jetzt aber hinter uns. Wenn wir uns jetzt umwenden (siehe da, wieder eine Wende!), blicken wir nach Norden. Aha, die Sonne steht hier (südlich des südlichen Wendekreises) also mittags immer im Norden am höchsten, interessant. Sie wandert zwar auch hier von Osten nach Westen, aber aus unserer Sicht von rechts nach links und nicht, wie bei uns, von links nach rechts. Merkwürdig.

Orte auf der Erde, an denen irgendwann im Jahr die Sonne direkt über uns im Zenit stehen kann, können sich nur zwischen den beiden Wendekreisen befinden. Es gibt nämlich auch noch einen nördlichen Wendekreis („Wendekreis des Krebses"), der parallel zum Äquator durch die Sahara geht. Südlich des südlichen und nördlich des nördlichen Wendekreises gibt es solche Orte nicht. Deutschland liegt nördlich der Sahara, oder? Dann kommt es leider niemals vor, dass bei uns die Sonne im Zenit steht. Schade eigentlich. Der Ort des Zenits wandert übers Jahr von Norden nach Süden, wendet (!!) am südlichen Wendekreis, dreht nach Norden um und wendet (schon wieder) am nördlichen Wendekreis und wieder zurück nach Süden. Ein ewiges Wenden.

Wir sind schließlich am Punkt angelangt, der vom Äquator genauso weit entfernt ist wie Frankfurt. Hier ist wie überall auf der Südhalbkugel Sommersonnenwende. Wir sind jetzt weit unterhalb von Südafrika im Südatlantik fast schon an der Antarktis.

Wenden wir um und kehren wieder heim – zur Wende der Sonne im Winter. Am 21. Dezember ist der kürzeste Tag des Jahres. Das ist seit jeher für Menschen in den nördlichen Breiten ein Grund zu feiern: Die dunkle kalte Zeit neigt sich dem Ende zu und die Tage werden wieder länger. Kein Zufall, dass das Hauptfest der Christen fast genau auf diesen Tag der Wintersonnenwende fällt.

Thema V.3 Über Tiefs, Trichter und Touristen

Wenn Sie eine globale Wetterkarte anschauen, erkennen Sie, dass sich die Wolkengebilde eines Tiefdruckgebiets auf der Nordhalbkugel immer entgegen dem Uhrzeigersinn bewegen und auf der Südhalbkugel immer andersherum. Das liegt an Coriolis.

Yvonne und Lukas reisen oft und gern nach Afrika, oft für viele Monate. Neulich erzählten sie mir von Jean-Baptiste aus dem Kongo. Er lebt genau auf dem Äquator und erklärt den Touristen Physik. Er deutet auf einen Eimer mit einem Trichter, der auf einem Strich steht, der genau hier den Äquator markiert. 10 Meter weiter nördlich hat er genau so einen Eimer mit Trichter aufgestellt, ebenso 10 Meter weiter südlich. Nun kippt er Wasser in den Trichter im Süden. Es bildet sich ein Strudel, der sich im Uhrzeigersinn, also rechtsherum dreht. Nun geht er zum nördlichen Eimer, schüttet auch hier Wasser in den Trichter und es bildet sich ein Strudel linksherum. Im Eimer genau auf dem Äquator geht es mal so und mal so herum. „Das ist Coriolis!", erklärt Jean-Baptiste mit beeindruckender Präzision.

Die Ursache für den Drehsinn eines Tiefdruckgebiets ist die Tatsache, dass sich die Erde dreht. Ein Punkt auf dem Äquator bewegt sich mit einer Drehgeschwindigkeit von 40.000 km in 24 Stunden, also mit unglaublichen 1.666 km/h, das ist Überschallgeschwindigkeit! Am Nord- und Südpol ist die Drehgeschwindigkeit dagegen null. Da sich die Luft mit der unter ihr liegenden Erde mitdreht, sind auf der Nordhalbkugel die nördlicheren Luftschichten immer langsamer als die südlicheren. Damit zieht die Erde bei ihren Drehungen stets einen Wirbel von Luftschichten mit sich herum, so als wenn Sie ein Ruderblatt durch das Wasser ziehen: auf beiden Seiten des Ruderblatts entstehen Wirbel in jeweils entgegengesetzten Richtungen.

Im Herbst bilden sich oft Sturmtiefs über der Nordsee, also etwa nordwestlich von uns. Der Luft- oder eher der Sturmwirbel dreht sich bei uns linksherum. Das bedeutet, bei einem Sturmtief kommt der Wind meist aus Südwest. An der Nordseeküste in Ostfriesland kennt man das, und deshalb trägt man den berühmten gelben Hut mit dem tief nach hinten gezogenen Nackenschutz. Das ist der „Südwester".

Die dem Drehsinn der Tiefs zugrunde liegende Kraft heißt Corioliskraft. Im Prinzip wirkt sie überall auf der sich drehenden Erde. Demnach müsste sich jeder Wirbel, der sich auf der Nordhalbkugel bildet, stets linksherum drehen. Also auch der Strudel beim Ablassen von Wasser im Waschbecken zu Hause, in der Badewanne oder in einem Trichter (siehe Jean-Baptiste). Wenn Sie das Nachprüfen, stellen Sie jedoch fest, dass sich der Drehsinn rein zufällig, sozusagen fifty-fifty, mal links mal rechts ausbildet. Der Corioliseffekt ist im kleinen Maßstab nämlich viel zu schwach. Im großräumigen globalen Maßstab jedoch bewirkt er tatsächlich den Drehsinn der Luftwirbel um Tiefdruckgebiete, so wie wir sie auf der Wetterkarte beobachten können.

Auch für die Wassereimer von Jean-Baptiste ist der Corioliseffekt eigentlich viel zu klein. Er muss also mit ein paar unbemerkbaren kleinen Tricks etwas nachhelfen und der Physik auf die Sprünge helfen. Yvonne und Lukas waren jedenfalls begeistert. Und auch die Touristen haben viel Physik gelernt und lassen sich das selbstverständlich etwas kosten. Ein erfolgreiches Geschäftsmodell – davon sollte ich mir mal eine Scheibe abschneiden.

Thema V.4 Ein Quantensprung des Sprachbildes

Wenn jemand einen gewaltig großen Entwicklungsschritt sprachbildlich kennzeichnen will, spricht sie/er von einem „Quantensprung". Aber wo kommt der Ausdruck her, und was ist eigentlich ein Quantensprung?

Neulich las ich in einer Meldung, dass die Wasserstofftechnologie ein Quantensprung für die Entwicklung eines umweltfreundlichen Autos sein könnte. Wir sollen uns demnach also vorstellen, dass dies einen riesengroßen Schritt nach vorne bedeutet.

Der Begriff „Quantensprung" kommt aus der Physik – zugegeben: nicht Alltagsphysik, aber Alltags*sprache*. Und wie vieles in der Physik hat es etwas mit Energie zu tun.

Wenn wir im Alltag die Geschwindigkeit irgendeines Gegenstands vergrößern, z. B. im Auto schneller fahren, dann vergrößern wir auch dessen Energie. Oder wenn wir einen Gegenstand einen Berg hochschleppen, auch dann vergrößern wir dessen Energie. Dasselbe gilt, wenn wir Nahrung aufnehmen, wenn wir unsere Wohnung heizen, wenn wir eine Batterie aufladen und vieles mehr. All das können wir in einem gewissen Rahmen gleichmäßig und beliebig genau machen. Wir können z. B. exakt eine beliebige Geschwindigkeit einstellen, eine beliebige Höhe hochklettern, beliebig viele Kalorien essen (eigentlich wollen wir ja immer „Joule" oder „Kilowattstunde" dazu sagen) oder eine beliebige Temperatur im Wohnzimmer einstellen. Wir können also die betreffende Energie ändern, so wie wir es wollen.

Bei Atomen ist das anders. Unsere gesamte Materie ist aus Atomen aufgebaut. Atome sind klein. Ziemlich klein sogar. Aber auch Atome tragen Energie. Und sie können zudem Energie aufnehmen und wieder abgeben. Sie können also ihre Energie verändern. Wenn Atome einen Teil ihrer Energie abgeben, dann können wir das merken: Sie tun das nämlich, indem sie einzelne kleine „Lichtteilchen" aussenden, die die vom Atom abgegebene Energie wegtragen. Wir erkennen die Energie dieser Lichtteilchen an ihrer Farbe. Blaue Lichtteilchen tragen ein bisschen mehr, rote ein bisschen weniger Energie. In jeder Lampe, in jedem Feuer, erst recht in der Sonne und in jeder anderen Lichtquelle gibt es Atome, die in dieser Weise ihre Energie abgeben. Max Planck war es um die vorletzte Jahrhundertwende, der diese Lichtteilchen „Quanten" nannte, weil er damit ausdrücken wollte, dass sie eine bestimmte Portion an Energie, also ein „Quantum" Energie tragen.

Seine wesentliche Idee (und die einiger anderer Physiker auch) war aber, dass sich die Energie in einem Atom, das ein solches Quant aussendet, *nicht* beliebig und *nicht* gleichmäßig ändern kann – ganz im Gegensatz zur Alltagsphysik. Die Energie eines Atoms ändert sich nur in bestimmten Portionen, die nicht beliebig groß und nicht beliebig klein sein können. Eine solche sprunghafte Änderung des Atoms mit einer Portion

Energie nennt man einen „Quantensprung". Die *kleinste* mögliche Energieänderung, die ein Atom überhaupt machen kann, ist also ein solcher Quantensprung. Und der ist wirklich ziemlich klein!

Während im Sprachbild ein Quantensprung etwas gewaltig Großes bedeuten soll, ist es in der Physik das Allerkleinste, was überhaupt auftreten kann. Es gibt in der Welt der schiefen und krummen Sprachbilder wohl kaum eines, das eine derart völlig ins Gegenteil verdrehte Bedeutung erhalten hat, wie das vom „Quantensprung".

Thema V.5 Nofretete und die Barke aus Gold

Im Jahre 1348 vor unserer Zeitrechnung zu Beginn der dritten Erntezeit, als beiderseits des Nils die Felder und Gärten üppigen Ertrag versprachen, fuhr Pharao Echnaton mit seiner Gemahlin Königin Nofretete in ihrer prachtvollen Königsbarke, die aus purem Gold gefertigt war, den Nil abwärts von Theben nach Memphis. Das Volk jubelte ehrfurchtsvoll und huldigte dem Königspaar entlang aller Ufer des erhabenen Nils. Jeder der Untertanen wusste genau, dass nur ein Sonnengott wie Echnaton es vermochte, die Sonne als goldene Barke glitzernd über das Wasser gleiten zu lassen – ohne dass sie einfach untergeht.

Legt man einen Klumpen Gold aufs Wasser, so geht er unter. Um das zu verhindern, muss ein Auftrieb erzeugt werden. Der Auftrieb ist eine Kraft, die der Gewichtskraft entgegenwirkt, also nach oben wirkt. Das Gold im Wasser nimmt dort einen Raum ein, wo vorher Wasser gewesen ist – es „verdrängt" das Wasser. Der Auftrieb (Kraft nach oben) ist genauso groß wie das Gewicht des verdrängten Wassers (Kraft nach unten). Soll der Auftrieb also genauso groß sein wie das Gewicht des Goldes, so muss das verdrängte Wasser so viel wiegen wie das Gold. Rechnen wir mal ein Schiff mit 6 m Länge, 1 m Breite und 1 m Tiefgang (Bild V.3), so ergibt das ein Volumen von 6 m^3 und eine Masse des „verdrängten" Wassers von 6.000 kg. So viel darf also auch die Goldbarke mit den genannten Maßen wiegen, wenn sie schwimmen soll. Mit einer Bordwandhöhe über Wasser von etwa ¼ Meter wäre das ein Schiffskörper mit einer Wandstärke von nur etwas mehr als 1 cm! Das ist verdammt dünn und eine ziemliche Herausforderung bei der Konstruktion einer solchen Barke.

Als die Barke den Hafen von Memphis erreichte, erhob sich das Pharaonenpaar und die Menschen sahen, dass Nofretete einen goldenen Ballon in ihren Händen hielt. Als sie gewahr wurden, wie sich der goldene Ballon in den Himmel erhob, fielen sie voller Ehrfurcht auf die Knie und hoben ihre Hände empor. Allen Menschen ward offenbar, dass nur eine Sonnengöttin die Macht besitzen konnte, eine zweite Sonne über das himmlische Firmament ziehen zu lassen.

Auch in der Luft gibt es Auftrieb. Auch hier ist diese Kraft genauso groß wie die Gewichtskraft der verdrängten Luft. Nehmen wir mal einen Ballon mit einem Durchmesser von 1 m. Die von diesem Ballon verdrängte Luft wiegt etwa 0,6 kg. Um in der Luft zu schweben, darf der Ballon aus Gold also auch 0,6 kg wiegen, er muss dabei allerdings vollkommen luftleer gepumpt sein. Die Hülle eines solchen Goldballons dürfte aber nur

Bild V.3: Die Barke Nofretetes ist aus purem Gold – und kann trotzdem schwimmen. „Zum Nachrechnen" wird die gesamte Barke durch eine quaderförmige „Wanne" angenähert. Die Wanne hat eine Länge von 6 m, eine Breite von 1 m und eine Höhe von 1,25 m. Der Tiefgang beträgt 1 m, sodass die Bordwand 25 cm über den Wasserspiegel des Nils hinausragt.

0,01 mm dick sein. Das wäre viel zu wenig, um dem äußeren Luftdruck, der auf die Ballonhülle wirkt, wirklich standzuhalten.

Eine Goldbarke zu konstruieren und zu bauen, ist aufwendige Präzisionsarbeit. Ein Goldballon ist praktisch fast unmöglich. Es bedarf schon wahrlich göttlicher Fähigkeiten, um solche Konstruktionen zu ermöglichen. Und teuer wird es auch: Ein Goldballon würde 30.000,- € kosten und eine Goldbarke immerhin 300 Mio. €! Na ja, man hat ja ein Volk, das dafür arbeitet.

Zum Nachrechnen

Ein Gegenstand schwimmt, wenn seine Gewichtskraft bzw. seine Masse m_G genauso groß ist wie die des verdrängten Wassers m_W:

$$m_G = m_W$$

Das Schiff hat eine Länge von 6 m, eine Breite von 1 m und einen Tiefgang von 1 m (Bild V.3). Dann ist das Volumen V_W und die Masse m_W des verdrängten Wassers:

$$m_W = V_W \cdot \rho_W = 6\,\text{m} \cdot 1\,\text{m} \cdot 1\,\text{m} \cdot 1.000\,\text{kg/m}^3 = 6.000\,\text{kg}$$

Dabei ist die Dichte von Wasser $\rho_W = 1.000\,\text{kg/m}^3$.

Die Gesamtmasse der Barke berechnet sich aus dem Volumen der Bodenplatte, der beiden Seitenwände und Vorder- und Rückwand der Barke, jeweils mit der Wandstärke d:

Bodenplatte: $V_B = 1 \times (6\,\text{m} \cdot 1\,\text{m}) \cdot d$

Seitenwände: $V_S = 2 \times (6\,\text{m} \cdot (1 + 0,25)\,\text{m}) \cdot d$

Vorder- und Rückwand: $V_{VR} = 2 \times (1\,\text{m} \cdot (1 + 0,25)\,\text{m}) \cdot d$

Gesamtvolumen: $V = (6\,\text{m}^2 + 15\,\text{m}^2 + 2,5\,\text{m}^2) \cdot d = 23,5\,\text{m}^2 \cdot d$

Wenn die Goldbarke schwimmen soll, muss ihre Masse $m_G = 6.000$ kg sein. Daraus ergibt sich mit der Dichte von Gold $\rho_G = 19.300$ kg/m^3 eine Wandstärke d zu:

$$m_G = V_G \cdot \rho_G = 23,5\,\text{m}^2 \cdot d \cdot \rho_G \quad \text{und}$$

$$d = \frac{m_G}{23,5\,\text{m}^2 \cdot \rho_G} = \frac{6.000\,\text{kg}}{23,5\,\text{m}^2 \cdot 19.300\,\text{kg/m}^3} = 0,013\,\text{m} = 1,3\,\text{cm}$$

Thema V.6 Was kostet Energie?

Nicht nur in der Physik, sondern auch in der Biologie und im Alltag ist Energie etwas, für das man bezahlen muss.

Für jedes Lebewesen auf der Welt ist die ausreichende Versorgung mit Energie die wichtigste Voraussetzung für das Überleben überhaupt. Sie bestimmt tagtäglich den gesamten Lauf des Lebens. Aber auch für eine moderne Industriegesellschaft ist eine gesicherte Energieversorgung von zentraler Bedeutung. Das kostet etwas – entweder Mühe und Aufwand wie in der Natur oder Geld wie bei uns im Alltag.

Wenn wir es mit Gas, Öl, Strom, Wind, Sonne oder auch mit Lebensmitteln zu tun haben, ist der Vergleich von verschiedenen Energieformen manchmal schwierig. Fangen wir einfach mal mit uns selber an. Um zu leben, brauchen wir etwa 100 Watt (W). Die Biologen nennen das den „Grundumsatz" des Menschen (vgl. Thema I.2). Wenn wir uns körperlich anstrengen, können wir auch mal 250 W = 0,25 kW aufbringen. Mit dieser Körperleistung könnten wir dann beispielsweise einen Generator betreiben, Strom erzeugen und diesen dann verkaufen. Wenn wir das 4 Stunden (h) lang machen, könnten wir eine Energie von 1 Kilowattstunde (kWh) anbieten (0,25 kW mal 4 h). Unser lokaler Energieversorger würde uns das vielleicht großzügig für 30 Cent abkaufen. 4 Stunden Arbeit für 30 Cent – ein gewaltiger Stundenlohn, oder?

Die kWh ist eine mögliche Einheit für Energie. Sie ist ganz gut zum Vergleichen geeignet. Ein Staubsauger mit einer Leistung von 1 kW verbraucht für jede Stunde Betriebszeit 1 kWh (kostet 0,3 €). Genau so viel Energie steckt etwa in 0,1 Liter Heizöl (0,1 €) oder Benzin (0,2 €) oder in 250 Gramm Brot (1,5 €) oder Nudeln (2 €), oder in 100 Gramm Fleisch (3 €). Mit 1 kWh können Sie im Verbrennerauto grob 1 bis 2 km weit fahren, im E-Auto eher 5 bis 10 km. Das bedeutet, dass Sie für 100 km im Verbrenner grob 70 kWh brauchen und etwa 14 € bezahlen müssen, im E-Auto (0,3 €/kWh) etwa halb so viel. Mit dem Fahrrad (ohne Motor!) braucht man für 100 km grob nur etwa 1,5 kWh (z. B. 6 h Fahrt mit 0,25 kW) und muss per Essen von Nudeln 3 € dafür aufbringen.

Energie ist nie umsonst. Auch nicht die von der Sonne, obwohl sie übers Jahr gemittelt in jeder Stunde satte 1 kWh Lichtenergie pro m^2 liefert. Ein Baum z. B. muss eine riesige Fläche mit Blättern bereitstellen, um diese Lichtenergie einzufangen und er muss sich entsprechend in seiner natürlichen Umgebung durchsetzen. Und selbstverständlich muss die Lichtenergie ja auch irgendwie nutzbar gemacht werden. Ähnliches gilt auch für Photovoltaikanlagen zur Stromerzeugung.

Ein Windrad braucht sich zwar nur etwa 3 s lang zu drehen, um 1 kWh zu liefern und schon sind etwa 30 Cent verdient. Aber auch das kostet: Eingriffe ins Landschaftsbild, Hintergrundrauschen und Infraschall, Gefahr für Flora und Fauna. Und Atom? Aus nur 0,1 mg Uran (weit weniger als ein Staubkorn) kann man in AKWs ebenfalls 1 kWh herausholen. Um dieses Thema kümmern wir uns etwas ausführlicher in Thema IV.7.

Als moderne Industriemenschen verbrauchen wir pro Person etwa 100-mal mehr Energie als uns die Natur über unseren Grundumsatz zugebilligt hat. Die Sonne brauchte immerhin viele Jahrmillionen, um die fossilen Energieträger zu erzeugen, die wir innerhalb von wenigen Jahrzehnten für unseren enormen Energiehunger verbraucht haben. Gemessen am Aufwand, den das die Natur gekostet hat, war diese Form der Energie bisher wirklich viel zu billig. Wenn wir nicht sehr bald unsere Energieversorgung anders organisieren, werden wir den echten Preis dafür schon sehr bald zu bezahlen haben.

Zum Nachrechnen

Man kann die Energieeinheiten „Joule" (J) (bzw. Megajoule, MJ) und „Kilowattstunde" (kWh) ineinander umrechnen:

$$J = W \cdot s = 0,001 \text{ kW} \cdot \frac{h}{3600} = 2,8 \cdot 10^{-7} \text{ kWh} \quad \text{bzw.:} \quad 1 \text{ kWh} = 3,6 \cdot 10^6 \text{ J} = 3,6 \text{ MJ}$$

Der Grundumsatz des menschlichen Körpers, also die Energie, die er ohne körperliche Aktivitäten zum Leben braucht, beträgt etwa 2,5 kWh pro Tag. Das entspricht einer Leistung P von etwa 100 W. Ein Mensch braucht zum Leben also etwa so viel Energie wie eine ständig leuchtende 100 W-Lampe.

$$P = \frac{E}{t} = \frac{2,5 \text{ kWh}}{24 \text{ h}} \approx 0,1 \text{ kW} = 100 \text{ W}$$

Thema V.7 Energiespeichern mit Gewicht und Höhe

Das Problem der Energiespeicherung ist noch ungelöst: Warum eigentlich nicht einfach Gewichte in die Höhe ziehen?

Eines der ganz großen Probleme der gegenwärtigen Energiewende ist die noch unzureichende Möglichkeit, Energie in großen Mengen zu speichern. Selbst wenn wir eines Tages unseren Energiebedarf vollständig mit erneuerbaren Energiequellen, vor allem mit Wind und Sonne, decken können, werden wir die Energie nicht stets genau zu dem Zeitpunkt zur Verfügung haben, wenn wir sie brauchen. Im Frühsommer an windigen Tagen werden wir manchmal zu viel Energie haben, im Winter in windstillen Nächten zu wenig. Wir müssen also überschüssige Energie irgendwie speichern können.

Natürlich wird z. Zt. fieberhaft an unzähligen Lösungen gearbeitet. Wir brauchen Leistungsspeicher zur Netzstabilisierung, die die Stromschwankungen im Sekunden- und Minutenbereich überbrücken müssen. Wir brauchen Verschiebespeicher zum Ausgleich des Angebots und des Bedarfs im Tagesgang, d. h. zwischen Mittag, Abend und Nacht. Und wir brauchen Langzeitspeicher, die die jahreszeitlichen Überschüsse und

Unterversorgungen ausgleichen können. Außerdem müssen Langzeitspeicher die berüchtigten Dunkelflauten abdecken, also wenn kein Wind weht und die Sonne nicht scheint.

Für all diese Zwecke gibt es zwar Ansätze und Vorschläge, aber eine generelle Lösung zeichnet sich z. Zt. noch nicht ab. Akkus beispielsweise können für den Ausgleich des Tagesgangs oder als Reserve für Stunden oder vielleicht sogar wenige Tage eingesetzt werden, aber für saisonale Speicher sind sie schlecht geeignet. Insgesamt werden Energiespeicher für mindestens 100 Gigawattstunden (GWh) oder – anders ausgedrückt – mindestens 100 Mio. kWh benötigt.

Neben den vielen Möglichkeiten, die z. Zt. diskutiert werden: Wie wär's mit einer der einfachsten Formeln der Physik? Nämlich: Gespeicherte Energie ist gleich Gewichtskraft mal Höhe. Nehmen Sie einen Klotz aus Beton, Stein oder Granit. Sagen wir, einen Riesenwürfel mit einer Seitenlänge von 5 m. Dieser Klotz wiegt immerhin 350 Tonnen und liegt am Boden eines 70 m hohen Turms, der direkt neben einer Windkraftanlage steht. Weil gerade viel Wind weht, erzeugt die Anlage Strom, der im Netz aktuell nicht benötigt wird und demzufolge überschüssige Energie darstellt. Statt das Windrad abzuschalten, wird der Strom benutzt, um den Klotz im Turm langsam hochzuziehen. In gerade einmal 2 min hat eine Anlage, die bei viel Wind 2 Megawatt (MW) Leistung liefert, unseren Würfelklotz an die Spitze des 70-Meter-Turms hochgezogen. Dafür wurde eine Energie von etwa 70 kWh benötigt, die auf diese Weise gespeichert wurde. Man kann sie jederzeit bei Bedarf wieder abrufen, indem man den Klotz den Turm wieder herabgleiten lässt und mit dieser Bewegung einen Generator betreibt, dessen Strom an Ort und Stelle wieder in das Netz eingespeist werden kann. Wenn neben jeder unserer 30.000 Windkraftanlagen ein solcher Turm stünde, wäre das insgesamt eine Speicherkapazität von leider nur 2 Mio. kWh, also nur im Prozentbereich des Notwendigen. Aber immerhin, für die Leistungsspeicherung zur Netzstabilisierung könnte es ein Beitrag sein. Und: Kleinvieh macht auch Mist.

Zum Nachrechnen

Eine Form von gespeicherter Energie ist die so genannte „Lageenergie" (oder „potenzielle Energie") E mit der Einheit Joule (J) oder Kilowattstunde (kWh). Diese wird einfach aus Gewichtskraft F_G mit der Einheit Newton (N) und der Höhe h eines Gegenstands mit der Masse m berechnet:

$$E = F_G \cdot h = m \cdot g \cdot h$$

Dabei ist $g = 9{,}81 \text{ m/s}^2$ die Erdbeschleunigung.

Ein würfelförmiger Betonklotz mit 5 m Kantenlänge und einer Dichte von $\rho_B = 2.700 \text{ kg/m}^3$ hat eine Masse m von:

$$m = (5 \text{ m})^3 \cdot 2.700 \text{ kg/m}^3 = 337.000 \text{ kg} \approx 350 \text{ Tonnen}$$

Um einen solchen Betonklotz in eine Höhe von $h = 70$ m zu bringen ist die Energie E nötig:

$$E = 3{,}37 \cdot 10^5 \text{ kg} \cdot 9{,}81 \text{ m/s}^2 \cdot 70 \text{ m} \approx 250 \cdot 10^6 \text{ kg} \cdot \text{m}^2/\text{s}^2$$

$$= 250 \cdot 10^6 \text{ Ws} = \frac{250 \cdot 10^3 \text{ kWs}}{3.600 \text{ s/h}} = 70 \text{ kWh}$$

Die Leistung P ist Energie pro Zeit. Eine Windkraftanlage mit einer Leistung von $P = 2\,\text{MW}$ liefert eine Energie von 70 kWh in einer Zeit t:

$$P = \frac{E}{t} \quad \text{bzw.:} \quad t = \frac{E}{P} = \frac{70\,\text{kWh}}{2.000\,\text{kW}} = 0{,}035\,\text{h} = 2{,}1\,\text{min}$$

Thema V.8 Weltraumwetter und Sonnenwind

Gibt es im Weltraum Wetter und weht Wind von der Sonne?

Ja, das gibt es tatsächlich – und heißt sogar offiziell so. Mit den wachsenden menschlichen Aktivitäten im Weltraum spielt Sonnenwind und Weltraumwetter eine zunehmende Rolle. Sogar hier auf der Erde kann uns das vielleicht einmal unliebsam betreffen.

Im Weltraum gibt es jede Menge Strahlung. Und viele verschiedene Sorten davon. In der Hauptsache sind das extrem energiereiche Teilchen (z. B. Protonen oder Elektronen), die von irgendwo in der Milchstraße (das ist unsere Galaxis) kommen können. Oder sie kommen aus noch fernerer Gegenden, entstanden vor vielen Milliarden Jahren in den Tiefen des Alls und seitdem mit hoher Geschwindigkeit im Weltraum unterwegs.

Natürlich sendet auch unsere Sonne Strahlung aus. Normalerweise denken wir dabei an Licht und Wärme. Aber es sind auch andere Strahlarten darunter, vor allem auch wieder energiereiche Teilchenstrahlung, was „Sonnenwind" genannt wird.

Alles zusammen heißt „Weltraumwetter", weil all diese Komponenten sich gegenseitig beeinflussen und sich ständig ändern. So ähnlich wie das uns bekannte Wetter. Die Aktivität der Sonne wechselt alle 11 Jahre von einem Minimum zu einem Maximum und wieder zurück. Astronomen können das an den sogenannten Sonnenflecken erkennen. Mit diesem 11-Jahres-Zyklus schwankt auch die Stärke des Sonnenwinds. Der Sonnenwind wiederum beeinflusst die galaktische Strahlung und so wird ein gemeinsames „Weltraumwetter" daraus.

Wenn diese Strahlung in die Erdatmosphäre eindringt, entstehen noch erheblich mehr Sorten von Strahlung. In etwa 25 km Höhe ist die Strahlendosis am höchsten, nimmt dann bis zur Erdoberfläche aber immer mehr ab. In Flughöhen (ca. 10 km) liegt die Strahlendosis etwa 100-mal höher als auf Meeresniveau. Deswegen wird Flugpersonal auch strahlenschutzmäßig überwacht, so wie Beschäftigte von AKWs.

Es gibt aber auch einen Schutz unserer Erde gegenüber Weltraumstrahlung. Die Erde hat nämlich ein Magnetfeld, das den Sonnenwind um die Erde herumlenkt. Ohne Magnetfeld wären wir einer wesentlich stärkeren Strahlung ausgesetzt. Weil der Sonnenwind einen Druck auf das Erdmagnetfeld ausübt, ist es an der sonnenzugewandten Seite mehr zusammengedrückt, an der sonnenabgewandten Seite mehr ausgebeult. Die Teilchen schlängeln sich entlang der Magnetfeldlinien, die sich an den Polen verdichten und sich zur Erdoberfläche neigen. Bei diesem Entlangschlängeln entsteht in der Atmosphäre Licht – schönes grünes Licht. Je dichter die Feldlinien werden und je näher sie an die Erdoberfläche kommen, desto grüner und intensiver wird das Licht. Das ist hauptsächlich an den Polen der Fall mit dem spektakulären Naturschauspiel eines Polarlichts.

Die Aktivität der Sonne kann sich aber auch abrupt und sehr drastisch ändern. Dabei wirft sie enorme Mengen von Materie ins All, also auch auf unsere Erde. Dies wäre dann ein regelrechter „Sonnensturm". Das erfolgt in unterschiedlich starkem Ausmaß unregelmäßig und unvorhersagbar. Große Ereignisse ereignen sich vielleicht alle paar Hundert Jahre. Das letzte war 1857, davor im Jahr 775. Damals waren außergewöhnlich intensive Polarlichter zu beobachten, ansonsten merkten die Menschen nicht viel davon. Wenn so etwas heute während einer Weltraummission geschehen würde, wäre dies für die Besatzung tödlich. Auf der Erde wäre über Monate die gesamte globale Kommunikation ausgeschaltet – mit unabsehbaren Folgen.

Thema V.9 Warum scheinen Sonne, Mond und Sterne?

> Gibt es einen romantischeren Alltagsbereich als die Physik? Allein schon der Blick in den Himmel – in die Unendlichkeit des Seins und Werdens, in die Seele des Universums!

Seit Urzeiten blicken die Menschen in den Himmel und verfolgen ehrfurchtsvoll den Lauf der Sonne, des Monds und von Millionen von Sternen. Die Sonne ist dabei für uns und für alle anderen Lebewesen die universelle Lebensspenderin. Sie gibt uns Licht und Wärme und liefert Energie und Nahrung für alles, was lebt.

Die Sonne besteht zum allergrößten Teil aus den einfachsten Atomen, die es überhaupt gibt: nämlich aus Wasserstoffatomen. Der ungeheure Druck und die extrem hohen Temperaturen, die auf der Sonne herrschen, bewirken, dass jeweils zwei Atomkerne von Wasserstoff zu einem Heliumatomkern „fusionieren". Bei diesen Atomkernprozessen wird gewaltige Energie frei, die die Sonne in Form von Licht und Wärme (und anderer Strahlung) aussendet. Das tut sie schon viele Milliarden Jahre so und sie hat genug Wasserstoff, um noch weitere Milliarden Jahre so fortzufahren. Schon seit einigen Jahrzehnten wird versucht, diese Art der „Kernfusion", wie sie auf der Sonne stattfindet, auch für unsere Energiegewinnung nutzbar zu machen. Sehr aufwendig, sehr teuer und bisher nur mit sehr mäßigem Erfolg.

Die meisten Sterne, welche wir sehen, sind auch solche „Sonnen", die ebenfalls „aktiv" Licht aussenden. Manche sind kleiner, manche größer als unsere Sonne, aber in jedem Fall sind sie sehr viel weiter entfernt, weshalb sie uns sehr viel kleiner erscheinen.

Wenn man die Entfernung eines Sterns angeben will, könnte man das natürlich wie gewohnt in km-Angaben tun. Aber man würde dabei auf Milliarden und Abermilliarden von Kilometern kommen. Das wäre sehr unpraktisch. Besser ist, man bringt die Lichtgeschwindigkeit ins Spiel. Licht bewegt sich mit der ungeheuer großen Geschwindigkeit von 300.000 km/s durchs All. Wenn man also die Zeit angibt, die Licht braucht, um von einem Stern zu uns zu gelangen, dann kann das auch als Entfernungsangabe dienen.

Und viel besser für große Entfernungen geeignet als Kilometer. Der von uns aus nächstgelegene Stern ist „Proxima Centauri". Licht, das von dort kommt, benötigt 4,2 Jahre, um zu uns zu gelangen. Also hat Proxima Centauri eine Entfernung von 4,2 Lichtjahren. Übrigens: Hamburg ist von München etwa 0,0025 Licht*sekunden* entfernt.

Einige der Sterne, die wir am Himmel sehen, sind sogar mehr als bloß *eine* Sonne, sondern sie sind eine ganze Ansammlung von Millionen von einzelner Sonnen (bzw. Sternen). Man nennt so etwas eine Galaxie. Auch unsere Sonne (und unsere Erde) ist Teil einer Galaxie, die wir die Milchstraße nennen, eine Galaxie mit einer eher platt gedrückten, diskusförmigen Gestalt. Wir befinden uns eher am Rand von diesem Diskus. In sehr klaren Nächten und außerhalb großer Städte sehen wir die Kolleginnen unserer Sonne in der Milchstraße als feines Band von unzähligen Sternen quer über den gesamten Nachthimmel. Nicht nur der nächtliche Blick in den Himmel, sondern sogar der Begriff „Milchstraße" selbst bewegt unsere Fantasie. Unsere Vorfahren müssen bei dieser Worterfindung wohl wahre Romantiker gewesen sein.

In der Mitte unserer Milchstraßengalaxie befindet sich ein „Schwarzes Loch". Wenn Sie mehr über Schwarze Löcher wissen wollen, schauen Sie doch mal in Thema V.10.

Der uns nächste Himmelskörper ist der Mond. Anders als die Sonne scheint der Mond nur „passiv", d. h. er erzeugt kein eigenes Licht, sondern er wird von der Sonne angeleuchtet. Wir sehen also als Mondschein nur das vom Mond reflektierte Licht der Sonne. Die unterschiedlichen Mondphasen, also Halbmond, Vollmond usw., ergeben sich aus der Richtung, von der aus der Mond von der Sonne beschienen wird.

Einige wenige Sterne, die wir am Nachthimmel sehen, leuchten wie der Mond auch nur „passiv", d. h. es handelt sich dabei nicht um ferne Sonnen, sondern um die Planeten, die unsere Sonne umkreisen. Zu diesen gehören z. B. der Mars und die Venus, die wir manchmal sogar in der Dämmerung schon sehen können. Auch unsere Erde gehört dazu. Auch die Erde leuchtet, weil sie von der Sonne beschienen wird. Je nach Sonnenrichtung zeigt sich die Erde - z. B. vom Mond aus betrachtet – in verschiedenen „Erd-Phasen", z. B. als Halberde, Vollerde oder als ab- und aufgehende Erde. Das wird sie auch noch lange so tun, unabhängig davon, was die Menschen noch so mit ihr anstellen.

Thema V.10 Was ist eigentlich ein Schwarzes Loch?

Nicht gerade Alltagsphysik. Aber Alltagsgesprächsthema.

Unsere Welt besteht aus Atomen. Und Atome bestehen weitgehend aus – Nichts! Die Masse eines Atoms und damit jeglicher Materie, die wir kennen, versteckt sich im *Kern* eines Atoms. Wenn Sie ein solcher Atomkern wären, dann befände sich Ihr Nachbar-Atomkern vielleicht in einer Gegend in 100 km Entfernung. Dazwischen wäre (außer ein paar umherschwirrenden Elektronen) nichts als leerer Raum.

Eigentlich ziehen sich Massen aufgrund der Gravitationskraft an. Sie und Ihre einige 100 km entfernten Nachbarn würden sich also aufeinander zubewegen, solange bis Sie aneinanderstoßen. Es gibt aber andere atomare Kräfte, die das verhindern und die Nachbarn auf Abstand halten. Das ist auf der Erde so und auch auf der Sonne, wo allerdings noch weitere Kräfte für den nötigen Ausgleich zwischen der Anziehung (Gravitation) und der Abstandshaltung zwischen den Atomkernen sorgen. Wenn irgendein Stern irgendwann nach Milliarden Jahren seiner Existenz „ausgebrannt" ist, also nicht mehr genug Wasserstoffatome zur Kernfusion hat, dann reichen die Kräfte zur Abstandshaltung der Atomkerne nicht mehr aus und die Gravitation bewirkt, dass der Stern in sich zusammenfällt und alle Atomkerne dicht aneinander liegen. Ihre Nachbarn aus Hamburg, Frankfurt und Berlin rücken Ihnen jetzt also mächtig auf die Pelle und schließlich sitzt ganz Deutschland bei Ihnen auf dem Schoß. Wenn die Atome unserer ganzen Erde so dicht aneinander liegen würden, dann hätte sie nur noch einen Durchmesser von etwa 100 m, sie wäre aber noch genauso schwer wie jetzt.

Damit so etwas passiert, muss ein Stern aber sehr viel schwerer als unsere Erde sein und sogar auch schwerer als die Sonne. Er wäre dann aber unglaublich dicht gepackt (viel Masse in kleinem Volumen) – und seine Gravitation wäre übermächtig. So mächtig, dass alle Objekte, alle Materie und jedes Atom in seiner Nähe von ihm aufgesaugt und verschluckt würden. Nichts, ja nicht einmal Licht wäre schnell genug, um sein Einflussgebiet verlassen zu können. Er ist dann für die Materie regelrecht ein Loch – ein Schwarzes Loch!

Im Universum gibt es viele Schwarze Löcher, selbst unsere Galaxie, die Milchstraße, enthält Zehntausende davon. In ihrem Zentrum befindet sich ein besonders großes Schwarzes Loch, das mehr als 4 Millionen-mal so schwer ist wie unsere Sonne, aber nur etwa 20-mal größer.

Die Umgebung eines Schwarzen Lochs ist voll von Merkwürdigkeiten. Sogar Zeit und Raum sind anders als gewohnt. Und auch Licht unterliegt seiner Gravitation. Wenn Sie sich in einiger Entfernung von einem Schwarzen Loch befinden und ein Lichtstrahl verlässt ihren Hinterkopf und fliegt immer exakt geradeaus (!), dann wird er rund um das Schwarze Loch herumgelenkt und trifft irgendwann von vorne auf Ihre Augen. Sie können sich selbst also direkt von hinten betrachten. Und wenn jemand aus etwas weiterer Entfernung Sie mit einer normalen Taschenlampe anleuchtet, dann wird aus diesem Licht Röntgenstrahlung und man könnte vielleicht schnell noch ein Röntgenbild von Ihnen machen (gemäß gesetzlicher Bestimmungen muss das aber selbstverständlich vorher von einer Ärztin mit Fachkundennachweis angeordnet werden).

Wenn Ihr Kopf in Richtung des Schwarzen Lochs zeigt, dann ist er um ein Vielfaches schwerer als Ihre Füße, und Sie würden mächtig in die Länge gezogen. Und selbst die Zeit vergeht oben langsamer als unten: Im Kopf noch jung und frisch und unten schon alt und faltig.

Thema V.11 Schwerelosigkeit

Peter Schilling (1982): „Völlig losgelöst von der Erde, schwebt das Raumschiff...“

„Mal völlig schwerelos sein, leicht und frei, das wäre schön!“, seufzt meine Freundin Tina-Jasmin, „so wie Astronauten auf Erdumrundung: einfach nur schweben – ganz ohne Schwerkraft “ Ich frage etwas unbekümmert: „Aber in einer Raumstation in 300 km Höhe herrscht doch fast die gleiche Gravitation wie hier auf dem Erdboden. Wieso können die Astronauten da schwerelos sein?“ Tina-Jasmin: „Schwerelos heißt nicht gravitationslos. Das kannst du ganz leicht ausprobieren. Steige mal auf den Burj Khalifa in Dubai und springe von ganz oben hinunter. Es wirkt die Erdgravitation auf dich, auf alle deine Einzelteile und auf alle Gegenstände, die du bei dir hast, gleichermaßen (wenn wir mal kurz vom Luftwiderstand absehen). Wenn du im freien Fall dein Handy loslässt oder dein Kleingeld aus der Tasche fällt, schweben alle Einzelteile frei und ungebunden einfach neben dir. Du fühlst dich wie ein Astronaut völlig schwerelos!“ – „Na, hör mal! Ich stürze doch hinab!“, entgegne ich entsetzt. Tina-Jasmin ganz cool: „Ja schon. Das geht exakt 12,7 s gut. Dann kommt der Erdboden und die Schwerelosigkeit endet.“

Übrigens gibt es das tatsächlich in echt. Im so genannten „Bremer Fallturm“ werden Experimente zur Schwerelosigkeit betrieben: Es werden Gegenstände aus 110 m Höhe fallen gelassen und deren Verhalten in Schwerelosigkeit studiert.

Warum gibt es aber Schwerelosigkeit im Raumschiff, wenn dort doch Gravitation herrscht? Schwerelosigkeit gibt es trotz Gravitation,[5] so wie beim freien Fall vom Bremer Fallturm.

Stellen wir uns Baron von Münchhausen vor, der auf einer Kanonenkugel reiten kann (auch hier wieder ohne jegliche Luftreibung). Er könnte sich mit einem kleinen Stoß von der Kugel lösen und schwerelos neben ihr dahingleiten, genauso wie seine Tabakdose oder seine Münzen aus der Rocktasche – alles schwerelos. Das geht so lange gut bis er, die Kugel und alle anderen Gegenstände auf den Erdboden krachen.

Stellen wir uns weiterhin vor, dass Münchhausen – abgeschossen aus einer Kanone in seiner Heimatstadt Bodenwerder – so schnell fliegt, dass er in Mailand, in Tunesien und selbst in der Sahara noch immer nicht auf den Erdboden gefallen ist. Die Erdkrümmung senkt den Erdboden unter ihm immer weiter ab, er fliegt und fällt immer weiter. Aber erst weit hinter Nigeria stürzt er dann in den Ostatlantik (vgl. Bild V.2).

Wenn er noch schneller fliegen würde, würde er zwar immer noch ständig abwärts fallen, sich also auch ständig im freien Fall befinden. Er würde aber aufgrund der Erdkrümmung nie mehr die Erdoberfläche treffen, sondern ständig nur „an ihr vorbei“ fallen. Er fliegt also um die Erde herum und befindet sich somit auf einer echten Erdumlaufbahn. Und trotzdem immer schwerelos und immer im freien Fall!

---

5 Manchmal stiftet die Übersetzung aus dem Englischen Verwirrung: Zero-Gravitation (Null-Gravitation) ist etwas anderes als Zero-Gravity (Schwerelosigkeit).

Tina-Jasmin ist begeistert: „Dann ist unser Baron Münchhausen ja nichts anderes als ein Astronaut in der Umlaufbahn!" Man kann ausrechnen, wie schnell ein Objekt fliegen muss, um sich auf einer solchen Bahn zu bewegen: mit 28.500 km/h in 85 min einmal um die Welt. Das würde übrigens in beliebiger Höhe funktionieren, z. B. auch in nur 10 m Höhe. Aber da sind leider eine Menge Hindernisse im Wege und vor allem gibt es viel Luft. Deshalb fliegen Raumschiffe lieber in Höhen von etwa 300 km. Da herrscht wenig Luftwiderstand, aber fast die volle Erdgravitation – und trotzdem Schwerelosigkeit.

„Völlig losgelöst von der Erde", erinnere ich mich an die 80er Neue Deutsche Welle. „Das hätte Münchhausen bestimmt gut gefallen – ganz ohne Lügengeschichten".

Zum Nachrechnen

In einer Erdumlaufbahn bei „Schwerelosigkeit" (nicht Gravitationslosigkeit!) ist die Gewichtskraft F_G eines Gegenstands gleich der Kraft F_Z, die ihn auf eine kreisförmige (Umlauf-)bahn zwingt:

$$F_G = m \cdot g = F_Z = m \cdot \frac{v^2}{r}$$

Dabei ist $g = 9{,}81\ \text{m/s}^2$ die Erdbeschleunigung und $r = 6.400$ km der Erdradius. Diese Werte gelten angenähert auch in einer „erdnahen" Umlaufbahn in etwa 300 km Höhe.
Daraus lässt sich die Geschwindigkeit eines „ständig fallenden" Gegenstands in einer Umlaufbahn berechnen:

$$v = \sqrt{g \cdot r} = \sqrt{9{,}81\ \text{m/s}^2 \cdot 6{,}4 \cdot 10^6\ \text{m}} = 7{,}9\ \text{m/s} = 28.500\ \text{km/h}$$

Ein Flug einmal um die Erde (Umfang etwa 40.000 km) dauert also etwa 85 Minuten (grob 1½ Stunden, vgl. Thema V.12).

Thema V.12 Ein Loch quer durch die ganze Erde

Was passiert, wenn man ein Loch quer durch die ganze Erde graben würde, um dann irgendwo im Südpazifik wieder herauszukommen?

Julia lehnt sich weit über die Brüstung des mittelalterlichen Brunnens auf dem Marktplatz in Grünberg[6] und blickt in die schauerliche Dunkelheit des über 30 m tiefen Brunnens. „Was passiert eigentlich, wenn man immer weiter bohren würde, bis zum Mittelpunkt der Erde und immer noch weiter, so lange, bis man auf der anderen Seite der Erde wieder herauskommt?", sinniert sie so vor sich hin. Ihre Freundin Johanna neben ihr schaut ebenfalls tief ins Dunkle hinab. „Das würde nie und nimmer funktionieren. Man müsste erst Duzende von km tief durch die Erdkruste, dann fast 3.000 km durch den

---

6 Grünberg ist eine mittelhessische Fachwerkstadt, auf deren Marktplatz sich ein mittelalterlicher Tiefbrunnen befindet, in den man schaurig-schön mehr als 30 m in die Tiefe blicken kann. Die auf einem grünen Berg befindliche Stadt hatte im Mittelalter Probleme mit der Wasserversorgung, die sie mit einer der ältesten „Wasserkunst"-Anlagen Deutschlands gelöst hatte (vgl. Thema IV.13).

Erdmantel – da herrschen Temperaturen von mehreren 1.000 Grad – und dann nochmal über 3.000 km durch den Erdkern. Und dann das Ganze nochmal bis zur anderen
Erdseite. Das sind dann weit über 12.500 km! Das tiefste Loch, das je gebohrt wurde, war
gerade mal ein Tausendstel davon."

Julia schaut immer noch sinnierend in die Tiefe. „Und wenn doch? Dann würde das
Loch doch mit Pazifikwasser volllaufen, das dann hier aus dem Brunnen emporsteigt
und sich über den Marktplatz ergießt." – „Tolle Vorstellung", schwärmt Johanna, „ein
Südsee-See in Grünberg!"

Abgesehen von der Unmöglichkeit eines solchen Bohrlochs und den enormen Temperaturen und Drücken, denen das Wasser ausgesetzt wäre: Wie weit würde sich das
Loch mit Pazifikwasser füllen? Da alle Ozeanflächen der Erde miteinander verbunden
sind, befinden sich alle Wasseroberflächen auf gleichem Niveau. Dies ist die Referenz-
höhe für Angaben von Höhen über dem Meeresspiegel, die man das Normalhöhennull
(NHN) nennt. Da Grünberg 264 m *über* NHN liegt, wird kein Wasser aus dem Brunnen
austreten. Würde man das aber in der Wilstermarsch an Deutschlands tiefstem Punkt
(3,5 m *unter* NHN) machen, dann würde sich tatsächlich ein Pazifik-See bei Itzehoe bilden.

Johannas Blick ist immer noch in die Tiefe des Brunnens gerichtet. „Wenn man ein
Rohr quer durch die Erde hätte, das nicht mit Wasser, sondern mit Luft oder besser noch
mit Vakuum gefüllt wäre, und dann einen Stein hinabfallen ließe, wo würde der landen?
Am Mittelpunkt der Erde? Im Südpazifik? Oder wo?"

Der Stein würde zunächst aufgrund der Schwerkraft wie gewohnt hinabfallen und
dabei ständig beschleunigt, er würde also immer schneller. Entlang seines Wegs würde
dann aber die Schwerkraft immer schwächer und am Erdmittelpunkt wäre sie Null. Dort
hätte der Stein allerdings mit 28.500 km/h schon mächtig Geschwindigkeit und würde
dann mit diesem Schwung durch den Erdmittelpunkt weiter in Richtung anderer Erdseite fliegen. Jetzt wirkt die Schwerkraft *entgegen* seiner Bewegungsrichtung und bremst
ihn ab. Er wird also immer langsamer, so lange bis er auf der Pazifikseite ankommt und
dort die Geschwindigkeit Null hat (Bild V.4). Nun geht alles wieder rückwärts. Er fällt
zum Erdmittelpunkt zurück und landet schließlich wieder am Grünberger Brunnen und
dann immer hin und her. Einmal zum Pazifik und zurück dauert etwa 85 min.

Julia blickt nun erstaunt auf. „Das ist ja genau die gleiche Zeit, die ein Satellit
braucht, um einmal die Erde zu umrunden! Das kann doch kein Zufall sein!"

Nein, ist es nicht. Manchmal gibt es Gemeinsamkeiten, die man nicht erwartet. Wie
im echten Leben!

Zum Nachrechnen

Die Gravitation nimmt von der Erdoberfläche bis zum Erdmittelpunkt linear immer weiter bis auf null ab.
Das drückt sich durch die Erdbeschleunigung aus, die an der Oberfläche g = 9,81 m/s^2 beträgt und am
Mittelpunkt der Erde gleich null ist.

Das Hineinfallen eines Steins in das Loch, das Beschleunigen und das Wieder-Abbremsen entlang
seiner „Fallstrecke" durch die Erde, sowie das Umkehren an der anderen Seite der Erde (Bild V.4) ent-

spricht der Bewegung einer „Schwingung". Die Schwingungsdauer T bzw. die Frequenz ω hängen vom Erdradius $r = 6.400$ km und von der Erdbeschleunigung g ab:

$$\omega = \sqrt{\frac{g}{r}} = \sqrt{\frac{9{,}81 \text{ m/s}^2}{6{,}4 \cdot 10^6 \text{ m}}} = 1{,}2 \cdot 10^{-3}/\text{s} = 4{,}4/\text{h}$$

$$\text{bzw.:} \quad T = \frac{2\pi}{\omega} = \frac{6{,}28}{4{,}4/\text{h}} = 1{,}4 \text{ h} = 85 \text{ min}$$

Seine Maximalgeschwindigkeit v_{max} erreicht der Stein beim Durchgang durch den Erdmittelpunkt:

$$v_{max} = r \cdot \omega = r \cdot \sqrt{\frac{g}{r}} = \sqrt{g \cdot r} = \sqrt{9{,}81 \text{ m/s}^2 \cdot 6{,}4 \cdot 10^6 \text{ m}} = 28.500 \text{ km/h}$$

Jeweils am Umkehrpunkt ist die Geschwindigkeit des Steins gleich Null.

Die Fallstrecke des Steins quer durch die Erde entspricht der „Projektion" einer kreisförmigen Bewegung rund um die Erde herum auf eine der Ebenen der Kreisbahn (Bild V.4). Diese kreisförmige Bewegung kann auch die Umlaufbahn eines Satelliten um die Erde sein. Falls die Erde durchsichtig wäre, würde ein Astronaut im Satelliten den Stein immer exakt auf seiner eigenen Höhe sehen: Beim Hineinwerfen in das Loch wäre er auf seiner Höhe, beim Durchgang durch den Erdmittelpunkt und auch wieder auf der anderen Seite der Erde am Umkehrpunkt, genauso wie nach einer Erdumkreisung, wenn der Stein am Loch wieder auftaucht (Bild V.4).

Die konstante Geschwindigkeit eines Gegenstands in einer Umlaufbahn ist (vgl. Thema V.11):

$$v = \sqrt{g \cdot r} = \sqrt{9{,}81 \text{ m/s}^2 \cdot 6{,}4 \cdot 10^6 \text{ m}} = 7{,}9 \text{ m/s} = 28.500 \text{ km/h}$$

Ein Flug einmal um die Erde (Umfang etwa 40.000 km) dauert also etwa 85 min (grob 1½ Stunden). Das ist dieselbe Zeit wie die „Schwingungsdauer" eines Steins auf seiner Bahn quer durch die Erde.

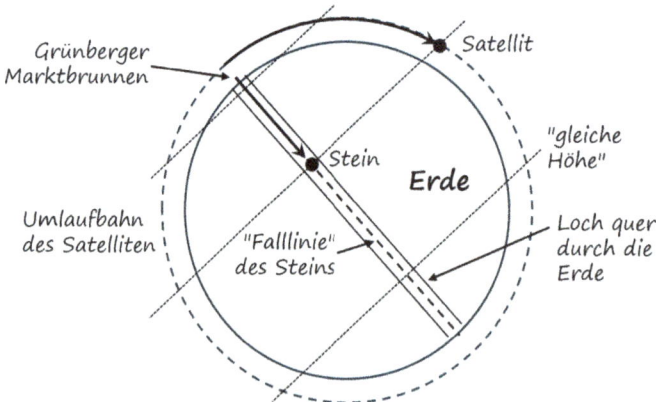

Bild V.4: Ein Stein, der quer durch die Erde fällt, und ein Satellit in einer Erdumlaufbahn befinden sich zu gleichen Zeiten stets auf gleicher Höhe (gepunktete Linie). Die Zeit für eine Erdumrundung des Satelliten ist die gleiche wie die, die der Stein entlang seiner „Falllinie" (gestrichelte Linie) braucht, um auf die andere Seite der Erde zu „fallen" und wieder zurück („Schwingungsdauer"). Während der Satellit eine stets gleichbleibende Geschwindigkeit von 28.500 km/h hat, kommt der Stein nur beim Durchgang durch den Erdmittelpunkt auf diese Geschwindigkeit. Jeweils an der Erdoberfläche (Umkehrpunkte) beträgt seine Geschwindigkeit dagegen null.

Thema V.13 Was ist eigentlich eine Kettenreaktion?

Eine Kette von Reaktionen ist noch lange keine Kettenreaktion. Darunter versteht man etwas anderes.

Wenn bei einem Brand von den Feuerwehrleuten eine Eimerkette gebildet wird, oder wenn das Anzünden einer Wunderkerze von einer zur anderen weitergegeben wird, dann ist das zwar eine Kette von Reaktionen, aber keine Kettenreaktion. Mit dem Begriff „Kettenreaktion" ist vielmehr ein Vorgang gemeint, bei dem aus einem anfänglichen Ereignis aufgrund irgendeiner Reaktion erst 2, dann 4, dann 8, dann 16 und immer so weiter Folgeereignisse werden. In einer bestimmten Zeitfolge findet also jeweils eine Verdopplung von Reaktionen statt, was nach einer gewissen Schrittfolge zu ungeheuer großen Zahlen und einem gewaltigen, geradezu explosionsartigen Anstieg von Ereignissen führt. Aha, genau: Auch eine echte Explosion ist eine Kettenreaktion. In der Wissenschaft nennt man das etwas trocken ein „exponentielles Anwachsen".

Erinnern Sie sich noch an die Anfangszeit von Corona? Neben vielen anderen Kenngrößen zur Kennzeichnung der Pandemie gab es auch den sogenannten R-Wert, der angibt wie viele Personen von einem Infizierten durchschnittlich angesteckt werden. Wenn R größer als 1 ist, nimmt die Anzahl der Ansteckungen (exponentiell) zu, bei R kleiner als 1 nimmt sie ab und bei genau 1 bleibt die Anzahl immer gleich. Bei Corona lag der R-Wert anfangs etwa bei 3 und lag zwei Jahre später wieder weit unter 1. Die oben erwähnte Wunderkerzenkette hat den R-Wert 1.

Aus dem R-Wert kann man die Verdopplungszeit einer Kettenreaktion ausrechnen. Bei Corona waren das anfänglich etwa 4 Tage. Nehmen wir den ersten Corona-Fall in Deutschland Ende Januar 2020. Nach 4 Tagen gab es 2 Fälle, nach 8 Tagen 4 Fälle, nach 12 Tagen 8 usw., d. h. in der Anfangszeit hat man von einer Pandemie noch nicht viel gemerkt. Aber nach 40 Tagen (Anfang März 2020) mit über 1.000 Fällen war die Aufmerksamkeit schon riesig. Wenn der R-Wert und die Verdopplungszeit unverändert geblieben wären, dann hätten sich in nochmal 40 Tagen (Mitte April) bereits über 1 Million Menschen infiziert und nach weiteren 20 Tagen, also insgesamt nach 100 Tagen (Anfang Mai), fast 35 Millionen Bewohner Deutschlands. Das wäre in der Tat die Folge einer ungebremsten Infektionsexplosion, die glücklicherweise in dieser Art nicht erfolgt ist.

Wenn jemand mit einer Wunderkerze *zwei* weitere ($R = 2$) anzündet und immer so fort und diese Verdopplung jeweils alle 4 s stattfindet, dann würden nach 100 s (also etwa 1,5 min) fast 34 Millionen Wunderkerzen brennen und nach 132 s so viele, wie es Menschen auf der Welt gibt.

Apropos Weltbevölkerung: Die wächst ziemlich ungebremst mit einer Verdopplungszeit von mittlerweile etwa 50 Jahren. Um Christi Geburt gab es weltweit schätzungsweise 200 Mio. Menschen. Um 1800 waren es bereits 1 Mrd., 1920 etwa 2 Mrd., 1970 etwa 4 Mrd. und nun sind wir 8 Milliarden Menschen. Die UN meint zwar, dass dies eine positive Entwicklung sei und die Erde über genug Ressourcen verfüge, um sogar noch mehr Menschen zu versorgen. Aber man kann durchaus auch weniger optimistisch sein.

Nehmen wir lieber das Beispiel mit den Wunderkerzen. Ach, wie schön wäre es, wenn mit jeder Wunder(!!)kerze die Zündung eines Friedenswillen verbunden wäre und wir mit einer Kettenreaktion in 132 s eine globale Explosion des Friedens herbeiführen könnten!

Zum Nachrechnen

Kettenreaktionen werden durch einen „exponentiellen" Zusammenhang beschrieben. Bei Epidemien zum Beispiel kann die Anzahl infizierter Personen $N(t)$ nach einer Beobachtungszeit t berechnet werden:

$$N(t) = N_0 \cdot R^{t/\tau}$$

Dabei ist τ die „Ansteckungszeit" und N_0 die anfängliche Zahl von infizierten Personen in der beobachteten Bevölkerung. Der „R-Wert" gibt die durchschnittliche Anzahl von Personen an, die von einem einzelnen Infizierten angesteckt werden. Damit ist die Art und Größe des exponentiellen Zusammenhangs festgelegt: Für $R > 1$ wächst die Anzahl Infizierter mit der Zeit, für $R < 1$ sinkt sie und für $R = 1$ bleibt sie gleich.

Für praktische Zwecke lässt sich daraus die „Verdopplungszeit" T ausrechnen:

$$N(T) = 2 \cdot N_0 \quad \text{also:} \quad R^{T/\tau} = 2$$

Mit den Rechenregeln des Logarithmus ergibt sich hieraus:

$$T = \frac{\log 2}{\log R} \cdot \tau = \frac{0{,}3 \cdot \tau}{\log R}$$

In der Corona-Anfangszeit betrug die Ansteckungszeit τ etwa 6 Tage und R war etwa 3. Daraus ergab sich die damalige Verdopplungszeit zu:

$$T = \frac{0{,}3}{\log 3} \cdot 6 \, \text{Tage} = \frac{1{,}8 \, \text{Tage}}{0{,}48} = 3{,}75 \, \text{Tage} \approx 4 \, \text{Tage}$$

Nach 10 Verdopplungszeiten, also nach 40 Tagen, hätte sich eine Anzahl von Infizierten ergeben:

$$2^{10} = 1024 \approx 1000$$

Nach 20 Verdopplungszeiten (80 Tage) wären es:

$$2^{20} \approx 1 \, \text{Mio.} \quad \text{usw.}$$

Für die Wunderkerze mit $R = 2$ und $T = 4 \, \text{s}$ ergibt sich nach 100 s, also 25 Verdopplungszeiten:

$$2^{25} \approx 34 \, \text{Mio.} \quad \text{und} \quad 2^{33} \approx 8{,}5 \, \text{Mrd.}$$

Thema V.14 Von Bikern und Eisprinzessinnen

Kräftige Männer mit schweren Maschinen sind anscheinend das komplette Gegenteil von der grazilen Anmut und Eleganz einer Prinzessin auf dem Eis.

Mein Freund Hans-Roland ist begeisterter Motorradfahrer. Wenn man ihn in seiner Bikerkluft so sieht, erkennt man auf den ersten Blick nur wenig Gemeinsamkeiten mit der zierlichen Figur einer Eisprinzessin. Aber eine gibt es: den Drehimpuls!

Schon als kleiner Junge hat mich fasziniert, wie bei den Olympischen Winterspielen die Eiskunstläuferinnen ihre akrobatischen Sprünge wagten und kunstvolle Pirouetten drehten. Aber warum fällt die Eisprinzessin nicht um, wenn sie sich auf der Spitze ihres Schlittschuhs mit atemberaubender Geschwindigkeit um sich selbst dreht? Und warum stürzt sie nicht, wenn sie dann ihre Arme ausbreitet und dabei langsamer wird? Und auch nicht, wenn sie schließlich die Arme wieder eng an den Körper zieht und ohne neuen Schwung zu holen wieder enorm an Drehgeschwindigkeit gewinnt? Wirklich erstaunlich! Das alles klappt nur, weil es einen Drehimpuls gibt, der bei all diesen Bewegungen immer gleich bleibt.

Jeder Gegenstand, der sich dreht, hat einen Drehimpuls. Dieser hängt von der Drehgeschwindigkeit und vom Radius des Gegenstands ab. Wenn unsere Eisprinzessin die Arme ausbreitet, ist ihr „Radius" größer und ihre Drehgeschwindigkeit wird kleiner. Zieht sie die Arme wieder an, wird der „Radius" kleiner, und sie dreht sich wieder schneller. In beiden Fällen bleibt der Drehimpuls unverändert. Die Physik bezeichnet das als „Gesetz von der Erhaltung des Drehimpulses". Aber es besagt noch mehr: auch die *Drehachse* bleibt erhalten. Das heißt, wenn sich die Eisprinzessin um ihre Körperachse dreht, dann steht ihre Drehachse natürlich senkrecht. Wenn sie umfallen würde, wäre das ja nicht mehr der Fall. Weil sich aber ihre Drehachse nicht ändern darf, kann sie auch nicht umfallen – wegen Physik!

Das Gleiche kann man auch bei einem Kreisel oder bei einer sich auf der Kante drehenden Münze beobachten: Solange sich der Kreisel oder die Münze drehen, können sie auf der feinen Kreiselspitze oder Münzkante stehen, ohne umzufallen – die Drehachse bleibt immer senkrecht. Erst wenn die Drehgeschwindigkeit zu klein ist, überwiegt die Schwerkraft und der Kreisel oder die Münze fallen um.

Was hat das aber mit meinem Freund Hans-Roland und seinem Motorrad zu tun? Motorradfahrer sagen gerne „Bike" zu ihrer Maschine. Das kommt von engl. „bi-cycle", also Zwei-Rad. Ein Bike hat also zwei Räder und ist ziemlich schwer. Ohne Ständer fällt es einfach um (und ist oft recht schwer wieder aufzurichten). Komischerweise bleibt ein Bike aber stabil aufrecht, wenn es fährt – und zwar umso stabiler, je schneller es fährt. Auch hier wirkt der Drehimpuls: Das Motorrad wird durch den Drehimpuls der rotierenden Räder stabilisiert. Denn auch hier will die Drehachse der Räder unverändert bleiben. Würde die Maschine umfallen, würde sich die Drehachse der Räder ja ändern, was die Physik aber verbietet. Bei der Eisprinzessin ist die Drehachse vertikal, bei den Rädern des Bike ist sie (beim Geradeausfahren) horizontal ausgerichtet – in beiden Fällen aber jeweils stabil. Beim Bike reicht der Stabilisierungseffekt durch den Drehimpuls im Geschwindigkeitsbereich unter etwa 20 km/h nicht mehr aus. Damit stellt das Motorrad als ein Einspurfahrzeug ein „labiles System" dar und Hans-Roland als Fahrer ist gezwungen, ein Kippen des Fahrzeuges durch ausgleichende Lenkbewegungen zu verhindern.

Und so hat Hans-Roland – außer seiner verborgenen Sensibilität und Feinfühligkeit – doch eine Gemeinsamkeit mit der Eleganz einer Eisprinzessin.

Thema V.15 Wie schnell sind Wellen?

Eine La-Ola-Welle kann sich mit beträchtlicher Geschwindigkeit durchs Stadion bewegen. Obwohl sie ja aus einer Bewegung menschlicher Körper besteht, kann sie sich viel schneller ausbreiten als Menschen rennen können.

Wellen gibt es viele: Wasserwellen, Schallwellen, Lichtwellen, Radiowellen, Tsunamiwellen, La-Ola-Wellen und früher sogar mal Dauerwellen. Wellen breiten sich mit unterschiedlichen Geschwindigkeiten aus. Nehmen wir mal eine La-Ola-Welle im Stadion. Jemand steht auf, hebt seine Arme und setzt sich wieder hin. Sagen wir, das Ganze dauert 2 s. Das ist die „Schwingungsdauer". Wenn die Nachbarin und alle folgenden Nachbarn sehr schnell reagieren, dann ist die La-Ola-Welle in diesen 2 s bereits 40 m weitergewandert. Das bedeutet, sie hat eine „Wellengeschwindigkeit" von 20 m/s (40 m in 2 s). Reagieren die jeweiligen Nachbarn dagegen etwas träger, dann ist die Welle bei gleicher Schwingungsdauer vielleicht nur 10 m weit gekommen und die La-Ola-Geschwindigkeit beträgt nur 5 m/s. Die Wellengeschwindigkeit ist also abhängig von der „Kopplung" der beteiligten Personen, oder allgemein ausgedrückt: von der Kopplung der beteiligten Kräfte.

Wenn Sie einen Stein ins Wasser werfen, bilden sich kreisförmige Wellen, die eine Ausbreitungsgeschwindigkeit von etwa 1 m/s haben. Wie bei der La-Ola-Welle bewegt sich ein Wasserteilchen dabei nur immer auf und ab, bleibt jedoch an Ort und Stelle, während sich die Welle als solche ausbreitet und fortbewegt. Wasserwellen können je nach Beschaffenheit und Tiefe des Untergrunds sehr unterschiedliche Geschwindigkeiten haben. Tsunamiwellen können über 200 m/s (etwa 700 km/h) schnell sein.

Wenn sich eine La-Ola-Person nicht auf und nieder bewegt, sondern stattdessen nach links und rechts „schwingen" würde, dann stößt sie dabei ihren Nachbarn an, der diese Schwingungen übernimmt und seinerseits auf seine Nachbarn überträgt. Auch das ergibt eine Welle. Ersetzen Sie nun in Gedanken die La-Ola-Menschen durch schwingende Luftteilchen. Dann haben Sie nämlich eine Schallwelle. Die „Kopplung" zwischen den Teilchen ist bedingt durch den Druck, den ein Luftteilchen auf ein anderes beim Stoß ausübt. Ein Schall ist also nichts anderes als sehr kleine und sehr schnelle Änderungen des Drucks. Ein leiser Schall bedeutet eine Schwankung des Drucks um weit weniger als ein Milliardstel relativ zum normalen Luftdruck. Diese unglaublich winzigen Änderungen des Drucks erfolgen schnell, sehr schnell sogar: Bei einem Schall im gut hörbaren Bereich schwingt der Druck 1.000-mal pro Sekunde. Man spricht dann von einer „Schallfrequenz" von 1.000 Hertz (Hz). Unsere La-Ola-Welle hatte eine Frequenz von gerade einmal 0,5 Hz (1 Schwingung in 2 s).

Schallwellen breiten sich in der Luft mit einer Geschwindigkeit von etwa 340 m/s aus. Es gibt aber Schallwellen auch im Wasser. Dort ist die Kopplung zwischen den Wasserteilchen wegen der größeren Dichte viel stärker als in der Luft, sodass die Schallgeschwindigkeit im Wasser etwa 1500 m/s beträgt.

Auch Licht breitet sich wellenförmig aus. Hier besteht die Wellenkopplung aus elektrischen und magnetischen Kräften (deswegen werden sie manchmal auch als elektromagnetische Wellen bezeichnet). Licht ist unglaublich schnell: im Wasser etwa 200.000 km/s, in der Luft (und im Vakuum) sogar 300.000 km/s. Das ist die Lichtge-schwindigkeit. Es ist die einzige konstante Größe in Raum und Zeit des Universums. Alles andere ist relativ. Und das wissen wir von Albert Einstein.

Zum Nachrechnen

Bei Wellen hängen die Wellengeschwindigkeit c mit der Einheit m/s, die Wellenlänge λ mit der Einheit m, die Schwingungsdauer T mit der Einheit s und die Frequenz f mit der Einheit Hertz (Hz) folgendermaßen zusammen:

$$c = \lambda \cdot f = \frac{\lambda}{T} \quad \text{bzw.} \quad f = \frac{c}{\lambda} = \frac{1}{T} \quad \text{mit der Einheit:} \quad \frac{1}{s} = \text{Hz}$$

Für die La-Ola-Welle mit einer Schwingungsdauer von $T = 2\,\text{s}$ und einer Wellengeschwindigkeit $c = 20\,\text{m/s}$ ergibt sich der Zusammenhang:

$$\lambda = c \cdot T = 20\,\text{m/s} \cdot 2\,\text{s} = 40\,\text{m} \quad \text{und} \quad f = \frac{1}{T} = \frac{1}{2\,\text{s}} = 0{,}5\,\text{Hz}$$

Eine Schallwelle mit einer Frequenz von 1.000 Hz und einer Wellengeschwindigkeit von 340 m/s in Luft hat eine Wellenlänge von 34 cm:

$$\lambda = \frac{c}{f} = \frac{340\,\text{m/s}}{1000/\text{s}} = 0{,}34\,\text{m} = 34\,\text{cm}$$

Thema V.16 Megakilos und Millimikros

> Bei Dieter Bohlen ist immer alles irgendwie „Mega". Aber auch mit Milli, Mikro und Nano hat man es andauernd zu tun.

Nanometer, Mikroliter, Milliampere, Kilovolt, Megahertz, Gigabyte, ... Blicken Sie manch-mal auch nicht mehr richtig durch? Heißt „Mega" einfach nur viel und „Milli" wenig? Glücklicherweise hilft uns hier wie immer die Physik. Dahinter steckt nämlich ein glas-klares System. Nehmen wir mal ein Gramm. Wir haben uns daran gewöhnt, dass wir jeweils bei tausendfach weniger einen neuen Namen nehmen, z. B. ein Tausendstel Gramm ist ein Milligramm (mg), ein Tausendstel Milligramm ist ein Mikrogramm (µg), ein Tausendstel Mikrogramm ist ein Nanogramm (ng) usw. Das geht auch in die ande-re Richtung: Tausend Gramm sind ein Kilogramm (kg) usw. Genauso geht es auch mit Meter, Ampere, Volt und allen anderen Maßeinheiten. Manchmal ist es aber auch etwas gewöhnungsbedürftig: Wissen Sie, was ein Megagramm ist? Richtig, 1.000 Kilogramm, also eine Tonne.

Kilo (k) ist also Tausend, Mega (M) eine Million, Giga (G) ein Milliarde usw. Wenn ich also 1 k€ besitze, dann kann ich mir einen Fernseher kaufen, bei 1 M€ bin ich Millionär und bei 1 G€ bekomme ich Steuerzuschüsse (weil ich so viele Arbeitsplätze sichere).

Bei uns in Kontinentaleuropa ist das ein einfaches, logisches und gut handhabba-res Maßsystem. Rechnen Sie aber mal in den USA einen Druck in pound per square inch (psi) aus. Sie werden schwitzen. Überhaupt sind die USA ein wahres Eldorado für Einheitensammler und Umrechnungsliebhaber. Dort herrscht eben ein anderes Maßsystem vor.

Unser System hat aber noch viel mehr Vorteile. Milli und Kilo kürzen sich manchmal ganz problemlos einfach weg. Nehmen wir mal die (elektrische) Leistung, gemessen in Watt (W). Leistung kann man leicht ausrechnen, wenn man die Spannung, gemessen in Volt (V), und den Strom, gemessen in Ampere (A), kennt. 1 V mal 1 A ergibt 1 W. Das ist genauso viel wie 1 kV mal 1 mA oder 1 MV mal 1 µA. Das ist eine wirklich praktische Angelegenheit.

Maßeinheiten und Normung haben durchaus auch eine erhebliche politische Dimension. Im politisch stark zerklüfteten Deutschland des 17. Jahrhunderts war es für Kaufleute schwer, wenn sie in jedem Ort auf ein unterschiedliches Maß für Längen und Gewichte stießen. Unser jetziges einheitliches Maßsystem geht auf Errungenschaften der Französischen Revolution zurück und wurde durch Napoleon in seinem Machtgebiet in Europa verbreitet. Dort, wo er sich militärisch nicht durchsetzen konnte, also vor allem in England, wurde das neue Maßsystem nicht übernommen, sodass dort nach wie vor inches, yards und gallons gebräuchlich sind. Wer die Macht hat, kann auch sein Maßsystem und damit wirtschaftliche Vorteile durchsetzen. So hatte die DIN im 19. und 20. Jahrhundert weltweit großen Einfluss und sicherte der deutschen Industrie die für sie geeignete Normung für ihre Produkte. Heute bestimmen die USA durch ihre Marktmacht das System und sabotieren oft unser doch so schönes einfaches Maßsystem: Wir kaufen Bildschirme in Zoll (inch), messen Reifendruck in psi und kaufen Öl in Barrel.

Aber fassen wir uns ruhig auch an die eigene Nase. Auch wir haben unsere unschönen Maß-Überbleibsel aus unpraktischen Zeiten. Wer von Ihnen benutzt schon beim Abnehmen Kilowattstunden (kWh) oder Joule (J) statt die gewohnten, aber völlig unpraktischen Kilokalorien? Dagegen wäre Napoleon vermutlich schon längst (und ziemlich rigoros) eingeschritten!

Thema V.17 ChatGPT: „Funny Physics of Bubbles"

Schreibe einen lustigen Text über die Physik von Seifenblasen.

Angenommen, mir würde das dauernde Schreiben von Kolumnen zur Alltagsphysik langsam auf die Nerven gehen und die Redaktion hielte die Kolumne trotzdem für absolut unverzichtbar (beides ist jedoch keineswegs der Fall), dann gibt es eine Lösung: nämlich die „Künstliche Intelligenz" (KI). Für diesen Fall besonders gut geeignet ist das Computerdialogsystem ChatGPT, das Ende 2022 erschienen ist. Man gibt einfach eine Frage oder einen Auftrag ein und man erhält in Sekundenschnelle einen fertigen Text, der von einem menschengemachten kaum (oder gar nicht) zu unterscheiden ist.

Ich soll etwas über die Physik von Seifenblasen schreiben. Hmm. Kein Bock, keine Ahnung, keine Zeit. Also frage ich ChatGPT. Ich tippe ein: „Schreibe einen lustigen Text über die Physik von Seifenblasen". Das System übersetzt: „Funny Physics of Bubbles". Ich kann dabei zusehen, wie auf meinem Bildschirm innerhalb von vielleicht 10 s folgender Text erscheint:

„Haben Sie jemals darüber nachgedacht, wie es möglich ist, dass diese winzigen, durchsichtigen Kugeln so viel Freude bereiten können? Na ja, es ist die Physik von Seifenblasen, die sie zu dem macht, was sie sind – und die ist erstaunlich komplex! Zunächst einmal gibt es die Seifenlösung – ohne sie wäre es keine Seifenblase. Aber es geht nicht nur darum, Seife und Wasser zu mischen. Nein, nein, es geht um die richtige Art von Seife und die richtige Menge an Wasser. Zu viel Wasser und die Blase wird schlaff und schlapp, zu wenig und sie wird platzen, bevor sie überhaupt die Chance hatte, richtig zu existieren.

Dann gibt es die Luft – ohne sie wäre es auch keine Seifenblase. Aber es geht nicht nur darum, Luft hineinzublasen. Nein, nein, es geht darum, die richtige Menge an Luft hineinzublasen und sie zur richtigen Zeit hineinzublasen. Zu viel Luft und die Blase wird zu groß und wird platzen, zu wenig und sie wird klein und langweilig. Und dann gibt es die Oberflächenspannung – ohne sie wäre es immer noch keine Seifenblase. Aber es geht nicht nur darum, die Oberflächenspannung zu haben. Nein, nein, es geht darum, die richtige Menge an Oberflächenspannung zu haben. Zu viel Oberflächenspannung und die Blase wird zu steif und wird platzen, zu wenig und sie wird zu schlaff und langweilig.

Aber das ist noch nicht alles! Es gibt auch noch die Luftfeuchtigkeit und die Temperatur, die die Physik von Seifenblasen beeinflussen. Zu viel Feuchtigkeit und die Blase wird platzen, zu wenig Feuchtigkeit und sie wird zu trocken und langweilig sein. Und wenn es zu kalt ist, werden die Blasen schneller platzen, wenn es zu warm ist, werden sie schneller schmelzen.

Also, wenn Sie das nächste Mal eine Seifenblase blasen, denken Sie daran, dass es nicht nur Spaß und Spiel ist, sondern auch ein wissenschaftliches Experiment. Vielleicht werden Sie sogar versuchen, die perfekte Seifenblase zu erschaffen."

Ich habe den Text von ChatGPT völlig identisch übernommen und kein einziges Zeichen dabei verändert. Super! Wollen wir das ab jetzt immer so machen?

Thema V.18 Seifenblasen ohne ChatGPT

Ist die Physik von Seifenblasen anders, wenn sie von echten Menschen beschrieben wird?

„Das finde ich überhaupt nicht witzig! Und informativ ist es auch nicht", schimpft meine Kollegin Heidi-Erdmute nach der Lektüre der Alltagsphysikgeschichte V.17 über die lustige Physik von Seifenblasen. Das Thema V.17 hatte nämlich das KI-Programm ChatGPT geschrieben. „Aber es stimmt doch alles, was da steht und andere Leserinnen finden das bestimmt ganz lustig", verteidige ich meinen virtuellen Kollegen, den Prof. ChatGPT. „Du würdest das aber doch ganz anders, viel menschlicher schreiben, oder?", säuselt Heidi-Erdmute. Ich fühle mich geschmeichelt.

Wenn man einen dünnen Ring aus Draht in eine Seifenlauge oder ein Wasserbad mit viel Spülmittel hält und langsam und vorsichtig wieder herauszieht, dann bildet sich innerhalb des Rings ein hauchdünner Seifenfilm. Bläst man jetzt von einer Seite vorsichtig auf diesen Film, dann beult er sich zunächst aus, löst sich dann vom Drahtring und schwebt als runde Seifenblase davon – wunderschön. „Im Gießener Mathematikum kann sich übrigens jeder selbst Riesenseifenblasen erzeugen, von denen man sich dann sogar vollständig umhüllen lassen kann", weiß Heidi-Erdmute.

Auch wenn die Seifenblase anfänglich manchmal etwas birnen- oder auberginenförmig aussieht, nimmt sie doch allmählich immer mehr eine Kugelform an. Warum eigentlich? Betrachten Sie einmal ein oder zwei Dutzend Kinder, die sich alle gegenseitig an die Hand nehmen und auf diese Weise eine geschlossene, aber zunächst noch nicht kreisförmige Kette bilden. Jetzt sollen alle kräftig an den Händen ihrer Nachbarn ziehen. Nach ein wenig Zappeln und Schubsen werden schließlich alle Kinder mit gestreckten Armen dastehen und so eine kreisrunde Kette aus Kindern bilden. Denn nur dann hätte jedes Kind die gleichen Kräfte und auch nur Zugkräfte an den Armen auszuhalten. Wäre irgendwo in der Kette eine Ecke oder ein Winkel, so müsste das Kind an dieser Stelle diesen Winkel mit Muskelkraft aufrechterhalten, was auf Dauer ziemlich anstrengend wäre, wenn die anderen alle kräftig ziehen. Eine Ringform ist also die für alle Kinder gleichmäßig kräftesparendste Form, die dieses Gebilde einnehmen kann. Und das gilt auch für die Kräfte an einer Seifenblase.

„Wusstest du übrigens, dass ein Regentropfen von außen in eine Seifenblase eindringen und sie auch wieder verlassen kann, ohne sie zu zerstören?", wirft Heide-Erdmute ein. „Tatsächlich? Aus was besteht denn eigentlich eine Seifenblase?", will ich daraufhin wissen. Der hauchdünne Seifenblasenfilm ist eigentlich eine Zweifach- oder Doppelmembran, die jeweils aus einer Schicht von einzelnen, eher lose nebeneinanderliegenden „Seifenmolekülen" besteht, die offiziell „Tenside" heißen. Die „Innenmembran" schließt die Innenluft der Seifenblase ab, während die „Außenmembran" die Abgrenzung zur Außenluft bildet. Zwischen beiden Membranen, die zusammen die Doppelmembran bilden, befindet sich eine dünne Schicht mit Wasser. Das Ganze ist nicht dicker als vielleicht ein Tausendstel Millimeter.

Heidi-Erdmute fügt hinzu: „Etwas ganz Ähnliches findet sich auch in jeder unserer Körperzellen. Auch diese sind von einer Doppelmembran (Doppellipidschicht) umhüllt, allerdings genau umgekehrt zur Seifenblase: Im Inneren der Zelle und außen befindet sich Wasser (bzw. Flüssigkeit), während der Raum zwischen der Doppelmembran wasserfrei ist." – „Und übrigens: Hätte ChatGPT das nicht auch so erklären können?"

Stichwortverzeichnis

https://doi.org/10.1515/9783111453699-006

www.ingramcontent.com/pod-product-compliance
Lightning Source LLC
Chambersburg PA
CBHW082103210326
41599CB00033B/6561